东华理工大学教材建设基金资助项目，测绘工程专业特色教材
江西省高等学校教学改革研究课题（JXJG-22-6-9）
东华理工大学测绘科学与技术一流学科
江西省学位与研究生教育教学改革研究项目（JXYJG-2023-097）
江西省高等学校教学改革研究课题（JXJG-23-6-14）

高等学校测绘工程系列教材

# 核电工程测量

主　编　陈本富　李大军
副主编　吴汤婷　王建强

**图书在版编目(CIP)数据**

核电工程测量 / 陈本富，李大军主编；吴汤婷，王建强副主编. -- 武汉：武汉大学出版社，2024. 8. -- 高等学校测绘工程系列教材. -- ISBN 978-7-307-24438-2

Ⅰ.TM623

中国国家版本馆 CIP 数据核字第 2024BB7111 号

责任编辑:杨晓露　　责任校对:汪欣怡　　版式设计:马　佳

出版发行:**武汉大学出版社**　(430072　武昌　珞珈山)
(电子邮箱:cbs22@ whu.edu.cn　网址:www.wdp.com.cn)

印刷:武汉中科兴业印务有限公司

开本:787×1092　1/16　印张:10　字数:222 千字

版次:2024 年 8 月第 1 版　　2024 年 8 月第 1 次印刷

ISBN 978-7-307-24438-2　　定价:36.00 元

# 前　言

本书是在东华理工大学测绘工程学院及测量系领导和同事的支持与帮助下，以东华理工大学“核电工程测量”课程教学大纲为依据，在多次讲课讲义的基础上编写完成的。在教材编写过程中，为了加强学生对核电工程建设过程中测绘知识应用的认知，在介绍核电工程建筑或设备安装测量与放样工作时，增加了相应的工程背景知识；对重点工程建设或主要设备安装测量，按照施工工艺，结合施工程序或施工方案，进行了详细说明，方便学生更具体、更深刻地理解测量工作要点，领会核电工程建设中测绘工作与其他相关专业是如何协调配合的。

全书共分7章，包括绪论、测绘数据处理基础、核电厂施工控制测量、核电厂建筑施工测量、核电厂设备安装施工测量、核电厂变形监测、核电厂工程测量管理等内容。本书由东华理工大学测绘工程学院陈本富、李大军、吴汤婷和王建强等老师根据各自分工共同编写完成。

本书在编写过程中，得到了许多曾参与核电厂建设的测绘专家的帮助与支持，他们不仅对教材内容进行了认真的审核，还结合新参加工作的大学毕业生在工作中的表现，对教材内容的选取和编排提出了许多宝贵的意见，对他们的无私和热情帮助，表示衷心的感谢。

由于编者水平有限，书中难免存在疏漏和不足，欢迎并期待您提出宝贵的建议，以便我们在今后的工作中持续改进。编者邮箱：bfchen69@ 126. com。

编　者

2023年12月

# 目　　录

# 第1章　绪　　论

核电站又称核电厂，是指通过适当的装置，将核能转变成电能的设施。核能，即原子能，是指核反应过程中所释放的能量，是来自核裂变反应过程中的质量亏损。作为电力工业的重要组成部分，核能已成为人类使用的重要能源之一，是低碳电力和热能的重要来源，是我国能源转型发展和实现碳达峰、碳中和目标的重要力量。通常情况下，核电具有经济、安全、可靠和清洁等特点。2007 年 10 月，国务院批准了国家发展和改革委员会上报的《国家核电发展专题规划(2005—2020 年)》，标志着我国核电发展进入新的阶段。在国家有关政策的推动和引导下，核电站建设经历了从第一代至第三代核电技术的发展历程。截至 2021 年 6 月 30 日，中国大陆在运核电机组共 51 台，装机容量为 5327.495 万千瓦，居全球第三位。根据《“十四五”规划和 2035 远景目标纲要》，至 2025 年，我国核电运行装机容量将达到 7000 万千瓦。本章主要介绍核电特点、核电站的工作原理、核电的发展历史、国内外核电站建设状况，并简要归纳了核电厂建设过程中工程测量的主要内容。

## 1.1　核电特点

核电作为一种非化石能源，主要具有下列优点：

1. 清洁

与化石燃料发电要排放大量污染物质如黑烟、二氧化硫等到大气中不同，核能发电不会产生有害气体，因此核能发电不会造成空气污染。

2. 环保

核能发电不会产生二氧化碳，因此不会加重地球温室效应，有利于改善气候环境。

3. 节能

核燃料能量密度比化石燃料高几百万倍，因此核电厂所使用的燃料体积小，运输与储存方便。一座 1000 兆瓦的核电厂一年只需 30 吨的铀燃料，一次航空飞行就可以完成运送。

4. 经济

核能发电成本中，燃料费用所占比例低，不易受国际经济形势影响，因此发电成本较其他发电方法稳定；此外，相比风能、太阳能等可再生能源发电，核能发电占地规模小。

由于核反应过程中会产生核辐射，如果大剂量射线外放，会产生重大灾害。归纳起来，核能发电存在以下不足：

1. 存在安全隐患

失去控制的核裂变释放的巨大能量，不仅不能用于发电，还会酿成重大灾害，如著名的切尔诺贝利核电站事故和福岛核电站事故等。因此，核能发电中的链式反应必须处于受控状态。

2. 核裂变反应中产生的中子和放射性物质对人体危害大

核辐射释放的射线会破坏人体细胞结构，因此必须设法避免核辐射接触到人。

3. 核废料须慎重处理

核电厂会产生高低阶放射性废料，包括已经使用过的核燃料，虽然体积不大，但因其具有放射性，衰减周期长，故必须慎重处理。目前尚无完美解决方案。

4. 热污染较严重

核能发电厂热效率较低，比一般化石燃料电厂排放更多废热到环境中，故核能电厂的热污染较严重。

5. 投资及运行成本高，财务风险大

核电厂一次性投资大。核电厂不适宜做尖峰(全载运转)、离峰(降载运转)的随载运转，因为核能燃烧功率改变成本太高。因此投资方的财务风险较高。

6. 兴建核电厂易引发争议

由于核事故新闻旧事如雷贯耳，人们对核电厂具有普遍的戒心，国际上，环保人士和决策者之间对核电的存废纷争不断。核能开发甚至导致国家之间关系紧张，因此核能利用一直是一个争议性话题。

## 1.2 核电站主要构件及类型

如图1-2-1所示，相比火电站使用燃煤发电，核电站使用的燃料是铀，以核反应堆代替火电站中的锅炉，把核燃料在核反应堆设备内发生裂变产生的大量热能，用高压的水带出，在蒸汽发生器内产生蒸汽，蒸汽推动汽轮发电机发电。核电站的汽轮发电机及电器设备与普通火电站相似，不同点主要体现在核电站有核反应堆。

### 1.2.1 核电站主要构成与功能

现阶段，核电站是利用核裂变的链式反应产生的能量来发电的。反应堆是核电站的关键设施，链式反应在核电站反应堆厂房中的压力容器中进行，原子核裂变释放的核能被转换成热能，再转变为电能。核电站除了核反应堆这一关键设施外，还包括许多重要的配套设备，以压水堆核电站为例，如图1-2-1所示，包括压力容器、主泵、稳压器、蒸汽发生器、汽轮机和安全壳等。

1. 压力容器

反应堆压力容器是核电厂的主设备，是一回路压力边界和第二道核安全屏障，主要用来装载反应堆堆芯，密封高温、高压的冷却剂，为反应堆提供安全运行所必需的堆芯

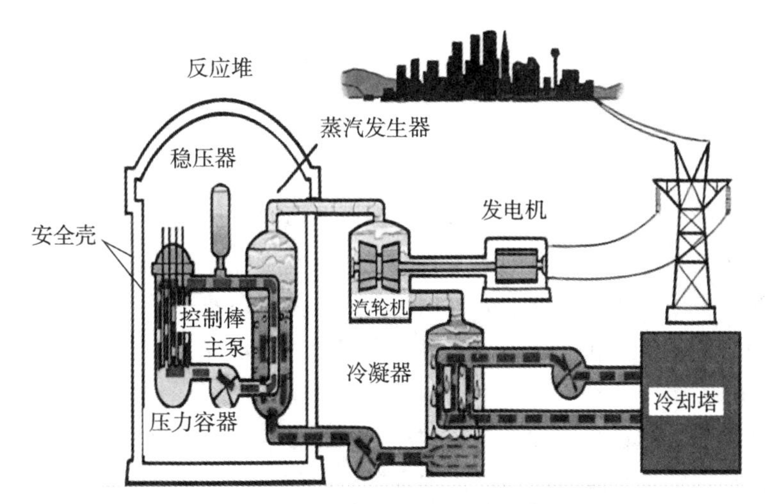


图 1-2-1　核电厂发电主回路示意图

控制和堆内测量的导向和定位。反应堆压力容器属安全一级设备，能在各种工况下保持可靠的结构完整性，不会发生容器的破坏和放射性的泄漏。

2. 主泵

如果把反应堆中的冷却剂比作人体血液的话，那主泵就是心脏。它的功能是把冷却剂送进堆内，然后流过蒸汽发生器，以保证裂变反应产生的热量及时传递出来。

3. 稳压器

又称压力平衡器，是用来控制反应堆系统压力变化的设备。在正常运行时，起保持压力的作用；在发生故障时，提供超压保护。稳压器里设有加热器和喷淋系统，当反应堆里面压力过高时，喷洒冷水降压；当堆内压力太低时，加热器自动通电加热使水蒸发以增加压力。

4. 蒸汽发生器

它的作用是把通过反应堆的冷却剂的热量传给二次回路水，并使之变成蒸汽通入汽轮发电机的汽缸做功。

5. 汽轮机

核电站用的汽轮发电机在构造上与常规火电站用的大同小异，不同的是由于蒸汽压力和温度都较低，所以同等功率机组的汽轮机体积比常规火电站的大。

6. 安全壳

它用于防止放射性物质从反应堆扩散出去，以保护人们免遭放射性物质的伤害。当反应堆一回路水外溢的失水事故发生时，安全壳是防止裂变产物释放到外部的最后一道屏障。安全壳一般是内衬钢板的预应力混凝土厚壁容器。

### 1.2.2　核电站分类

自 1942 年，恩里科·费米在芝加哥大学负责设计建造了人类历史上第一座核反应堆(Chicago Pile-1 核反应堆)以来，世界上出现了各种各样的核电厂堆型。反应堆是一个非常复杂的系统，随着科技的不断发展，科学家们先后开发出了多种不同结构、不同用途的反应堆。因此对反应堆分类无法简单采用单一方法进行。通常情况下，反应堆是按照冷却剂、慢化剂、用途、中子能量等标准进行分类的。

1. 压水堆

压水堆使用轻水($H_2O$)作为慢化剂和冷却剂，由燃料包壳、一回路、安全壳构成压水堆的三道安全屏障。经过一系列的重大改进，压水堆已经成为技术上最成熟的一种堆型，其结构紧凑，堆型的功率密度大，相比其他堆型基建费用低、建设周期短、轻水价格便宜。目前我国已运行和在建的核电机组大部分为压水堆。

2. 沸水堆

沸水堆使用沸腾的轻水作为慢化剂和冷却剂，但沸水堆只有一个回路。水通过反应堆堆芯，堆内产生的汽水混合物通过压力容器上部的汽水分离器和蒸汽干燥器除湿，干燥后的饱和蒸汽进入汽轮机膨胀做功发电。因此，沸水堆具有直接循环、工作压力低、堆型出现空泡安全系数高等特点。虽然与压水堆相比减少了大量设备，降低了成本，但也有不足，如汽轮机带有放射性，辐射防护和废物处理复杂。

3. 重水堆

用重水($D_2O$)作为慢化剂的反应堆。目前重水堆主要以加拿大 CANDU 为代表，可以直接利用天然铀作为核燃料，同时实现不停堆换料。我国秦山三期核电站即采用两台加拿大技术的重水堆。

4. 高温气冷堆

采用高富集度铀的包敷颗粒作为核燃料、石墨作为中子慢化剂、高温氦气作为冷却剂的先进热中子转化堆核电站。高温气冷堆具有选址灵活且热效率高、高转化比、安全性高、对环境污染小、有综合利用的广阔前景等优点，但在燃料制造、工艺技术和后处理等方面存在困难。目前我国在建的石岛湾核电站为高温气冷堆。

5. 快中子堆

快中子堆是快中子引起链式裂变反应所释放出来的热能转换为电能的核电站，快中子堆中没有慢化剂，主要的冷却剂是液态金属钠或氦气。快中子堆在运行中既消耗裂变材料，又生产新裂变材料，能实现核裂变材料的增殖，可以同时生产核燃料和电能。

6. 石墨堆

石墨堆以石墨作为慢化剂材料，以轻水作为冷却剂。

## 1.3 核电发展历史

核电发展历史波澜壮阔。随着能源结构变革需求和核事故阴影，核电一直在期盼与质疑声中发展。

### 1.3.1 验证示范阶段

1942 年 12 月，美国芝加哥大学建成世界上第一座核反应堆，证明了实现受控核裂变链式反应的可能性。20 世纪 50 年代初开始，美、苏、英、法等国把核能部分转向民用，利用已有的军用核技术，开发建造以发电为目的的反应堆，核电进入验证示范阶段。1957 年 12 月，美国建成希平港(Shipping Port)压水堆核电厂。1960 年 7 月，美国建成德累斯顿(Dresden-1)沸水堆核电厂，为轻水堆核电的发展开辟了道路。英国于 1956 年 10 月建成卡尔德霍尔(Calder Hall A)产钚、发电两用的石墨气冷堆核电厂。苏联于 1954 年建成奥布宁斯克(APS-1)压力管式石墨水冷堆核电厂后，于 1964 年建成新沃罗涅日压水堆核电厂。加拿大于 1962 年建成 NPD 天然铀重水堆核电厂。这些核电厂显示出比较成熟的技术和低廉的发电成本，为核电的商用推广打下了基础。

### 1.3.2 高速发展阶段

20 世纪 60 年代末 70 年代初，各工业发达国家的经济处于上升时期，电力需求以十年翻一番的速度迅速增长。各国出于对化石燃料供应的担心，将能源需求寄希望于核电。美、苏、英、法等国都制订了庞大的核电发展计划。后起的联邦德国和日本，也挤进了发展核电的行列。一些发展中国家，如印度、阿根廷、巴西等，则以购买成套设备的方式开始进行核电厂建设。美国轻水堆核电的经济性得到验证之后，世界形成核电厂建设的第一个高潮。1973 年世界第一次石油危机后，为摆脱对中东石油的依赖，世界上形成了第二个核电厂建设高潮。在核电大发展的形势下，美、英、法、联邦德国等国还积极开发了快中子增殖堆和高温气冷堆，建成一批实验堆和原型堆。

### 1.3.3 滞缓发展阶段

1979 年发生了第二次石油危机，各国经济发展迅速减缓，加上大规模的节能措施和产业结构调整，电力需求增长率大幅度下降，许多新的核电厂建设项目被停止或推迟，订货合同被取消。1979 年 3 月美国发生了三哩岛核电厂事故，1986 年 4 月苏联发生了切尔诺贝利核电厂事故，这对世界核电的发展产生了重大影响。公众接受度成为核电发展的障碍之一，一些国家如瑞士、意大利、奥地利等暂时停止了发展核电。从 20 世纪 80 年代末到 90 年代初，各核工业发达国家积极为核电的复苏而努力，着手制定以更安全、更经济为目标的设计标准规范。美国率先制定了先进轻水堆的电力公司要求文件(URD)，同时理顺了核电厂安全审批程序。西欧国家制定了欧洲的电力公司要求文件(EUR)，日本、韩国也在制定类似的文件(分别为 JURD 和 KURD)。与此同时，一些发展中国家也继续坚持发展核电，至 1998 年底，在建的 36 台核电机组中有大部分属于发展中国家。

### 1.3.4 复苏阶段

21 世纪以来，随着世界经济的复苏以及能源危机的日益加剧，核能作为清洁能源的优势重新受到青睐。同时，经过多年的发展，核电技术的安全可靠性进一步提高，世界核电的发展开始进入复苏期，世界各国制定了积极的核电发展规划。美国、欧洲、日本开发的先进的轻水堆核电厂(即“第三代”核电厂)取得重大进展；如今，以大量技术进步为前提的第四代核电系统设计已在研究之中。

## 1.4　国外核电发展状况

1. 美国

美国原子能委员会在1951年规定，要在优先发展军用生产堆和动力堆的条件下，发展民用发电堆。这个时期的核电发展，美国政府负责研究开发及核岛的建设和运行，私营企业仅负责厂址准备和常规岛建设。1957年9月颁布的普赖斯-安德生法案又规定，一旦发生核事故，全部赔偿金额限于5.6亿美元，其中由政府承担5亿美元。该法案进一步推进了核电的发展。1962年美国原子能委员会向肯尼迪总统提出建议，认为核电经济性已优于常规火电，发展核电可为电力供应节约大量资金，并提出了一系列的政策建议，包括核燃料私有。该建议在1964年原子能法的再次修改中被采纳。在核电技术趋于成熟时，为占领核电的国际市场，20世纪60年代末美国政府批准了低富集铀的出口，把美国的轻水堆推向世界。20世纪70年代后期，美国的核电发展转入低潮，1978年以后没有任何核电厂订货。

2. 苏联(俄罗斯)

苏联在军用石墨水冷型生产堆的基础上，开发建设了一批石墨水冷堆核电厂，最大机组容量达1500MW。又在军用潜艇动力堆的基础上，开发了具有苏联特点的压水堆核电厂，有440MW和1000MW两个级别的机组，不仅在国内建造，还出口到东欧各国和芬兰。考虑到天然铀资源的长期持续稳定供应问题，苏联决定大力开发快中子增殖堆核电厂。这使苏联成为快中子增殖堆技术最先进的国家之一，20世纪70年代建成的原型快堆BN-350和示范快堆BN-600，至今仍在运行，都取得了很好的成绩。苏联在发展核电过程中缺乏国际交流，特别是切尔诺贝利核电厂，由于缺乏安全意识，基本安全原则和装置设计有缺陷，于1986年酿成灾难性事故，其后果影响远远超越了国界。世界各国核电向着更安全、更经济的新一代堆型发展，俄罗斯也积极进行新堆型的开发，如百万千瓦级WWER-1000机组的改良型V-428型和WWER-640型中型核电机组。

3. 英国

英国在1956年10月建成卡尔德霍尔产钚、发电两用石墨气冷堆核电厂之后，陆续建设了一批石墨气冷堆核电厂。因利用镁合金作为包壳，这种反应堆称为镁诺克斯反应堆(MGR)。英国曾一度是世界上核电总装机容量最大的国家，20世纪70年代美国轻水堆占领国际市场后，英国的石墨气冷堆很难同美国的轻水堆竞争。为提高机组的经济性，英国研究开发了改进气冷堆(AGR)，但仍不能同美国轻水堆竞争，最终未能打入国际市场。英国也重视其他堆型的发展，曾经建设了一座高温气冷堆(Dragon)、一座实验快堆(DFR)和一座原型快堆(PFR)。英国核电发展长期处于低潮的主要原因，一是在北海发现了大型油田，能源问题得到缓解，对核电的需求不迫切；二是英国在核能发展上实行国家所有制，主管核能开发的国家原子能局(UKAEA)和经营核电厂的国家电力局(CEGB和SEGB)未能及早下决心放弃石墨气冷堆的技术路线，直到20世纪80年代后期才决定引进美国技术，建造压水堆核电厂(Sizewell B)，这比法国晚了20年。

4. 法国

法国早期发展核电的路线大体上同英国类似，采用石墨气冷堆。不同的是，当英国进行批量化建设时，法国做到了每建一座都有所改进，因此在技术上比英国进步快。20世纪60年代末，英国的石墨气冷堆难与美国的轻水堆竞争的问题一出现，法国政府就十分重视并组织了论证，然后由蓬皮杜总统做出决策：改为发展压水堆，从美国引进技术，消化吸收，建立自己的压水堆设备制造工业体系。法马通公司(由法国同美国西屋公司合资，后来变为法国的独资公司)就是在这个时期成立的。解决了富集铀的大量生产问题后，法国政府决定实施标准化、批量化建设方针，制订了一个每年投产七台百万千瓦级压水堆机组的庞大的核电发展规划，取得了很好的经济效益。法国建造核电厂的比投资(每单位生产能力投资数)是世界上最便宜的，发电成本也低于火电厂。经济上的优越性促使核电替代火电取得成功。到1998年核发电量已占法国总发电量的76%。

5. 加拿大

加拿大发展核电起步较早，在20世纪50年代即开始了重水慢化、冷却的天然铀动力堆的开发。1962年，第一座实验堆NPD(22MW)投入运行；1967年，第一座原型堆道格拉斯角(Douglas Point，208MW)建成投产。80年代以后，加拿大在本国又先后建造了14台坎杜型机组。80年代至90年代初，加拿大原子能公司(AECL)采用计算机控制等先进技术，不断改进、完善设计，使得CANDU-6型成为当前世界上技术比较成熟的核电厂之一，从70年代初即向巴基斯坦和印度出口，随后陆续又向韩国、阿根廷、罗马尼亚出口7台机组。

6. 日本

同美、苏、英、法相比，日本在发展核电方面是个后起的国家。日本第一座商用核电厂(166MW的东海村)是从英国进口的石墨气冷堆核电厂(1966年投产，1998年关闭)，后来改为采用美国的轻水堆。日本有四家电力公司采用压水堆，五家电力公司采用沸水堆。日本的三菱公司同美国的西屋公司合作掌握了压水堆核电技术，东芝公司和日立公司同美国通用电气公司合作掌握了沸水堆核电技术。1973年石油危机后，日本加速了核电的发展。苏联切尔诺贝利核电厂事故发生后，日本国内的反核情绪上升，使核电发展的阻力加大。近年来，尤其是京都会议以后，日本政府认为核电是解决生态环境问题、减少二氧化碳排放量和保障能源稳定供应的有效途径。目前，日本是世界第三大核能发电大国，次于美、法两国。2011年福岛核事故给全球火热的核电市场狠狠地泼了盆冷水，全球的核电格局也受到了影响。由于事故后民间极力反对发展核电，日本政府尝试关闭国内全部的核电厂。但是由于核电在其能源结构中作用重大，日本已经放弃“无核化”。

## 1.5　中国核电发展状况

中国为了打破超级大国的核垄断，保卫世界和平，从20世纪50年代后期即着手发展核武器，并很快掌握了原子弹、氢弹和核潜艇技术。中国掌握的石墨水冷生产堆和潜艇压水动力堆技术为中国核电的发展奠定了基础。80年代初期，中国政府制定了发展核电的技术路线和技术政策，决定发展压水堆核电厂。采用“以我为主，中外合作”的方针，引进外国先进技术，逐步实现设计自主化和设备国产化。

中国自主设计建造的秦山核电厂300MW压水原型堆核电机组(如图1-5-1所示)，1985年3月20日开工，1991年12月15日并网发电，1994年4月投入商业运行，实现了中国大陆核电零的突破，结束了中国大陆无核电的历史。秦山核电站的建成，标志着中国核工业的发展上了一个新台阶，成为中国军转民、和平利用核能的典范，使中国成为继美国、英国、法国、苏联、加拿大、瑞典之后世界上第7个能够自行设计、建造核电站的国家，实现了掌握技术、总结经验、锻炼队伍、培养人才的建设目标。

图1-5-1　秦山核电厂外景

秦山二期核电厂，是中国首座自主设计、自主建造、自主管理、自主运营的2台单机容量为65万千瓦商用压水堆核电站。两台机组分别于2002年4月15日和2004年5月3日投入商业运行，使中国实现了由自主建设小型原型堆核电站到自主建设大型商用核电站的重大跨越，大幅提升了中国核电设备制造能力。秦山三期电站采用加拿大坎杜6重水堆核电技术，建造两台700兆瓦级核电机组，电站于1998年6月8日开工，2003年7月24日全面建成投产，创造了国际33座重水堆核电站建设周期最短的纪录。

大亚湾核电站是中国首座商用核电站，分别引进法国的核岛、英国的常规岛成套技术装备，拥有两台单机容量为98.4万千瓦的压水堆核电机组，由中国广东核电集团与香港中华电力公司合资建设和运营。该核电站于1987年8月开工建设，2台机组分别于1994年2月和5月先后投入商业运行。

田湾核电站位于江苏省连云港市高公岛乡柳河村田湾境内，是中俄两国深化核能领域合作的重大项目，首期采用俄 AES-91 型压水堆核电机组，由俄方负责田湾核电站总的技术责任和核岛、常规岛设计及成套设备供应与核电站调试，两台机组分别于 2007 年 5 月和 8 月投入商业运行。

我国台湾地区现有三座核电厂 6 台机组，其中 4 台是沸水堆，2 台是压水堆，总装机容量为 4884MW，都是引进美国技术建造的。正在建设的第四座核电厂，两台机组都采用美国通用电气公司同日本东芝、日立公司联合开发的先进沸水堆(ABWR)，装机容量为 1300MW。

“十三五”期间，我国核电机组保持安全稳定运行，新投入商运核电机组 20 台，新增装机容量 2344.7 万千瓦，商运核电机组总数达 48 台，总装机容量 4988 万千瓦，装机容量位列全球第三。到 2020 年，我国核电厂总发电量达到世界第二。新开工核电机组 11 台，装机容量 1260.4 万千瓦，在建机组数量和装机容量多年位居全球首位。中国三代自主核电综合国产化率达到 88%以上，形成了每年 8~10 台(套)核电主设备供货能力，建设施工能力居于世界领先水平。

核电高质量发展的前提是安全。我国已运行核电厂严控机组运行风险，是未来发展可期的另一重要因素。中国核能行业协会发布的《中国核能发展报告(2021)》(以下简称《报告》)显示，我国在运核电机组三道安全屏障的完整性得到保证，核燃料元件包壳、一回路压力边界、安全壳的完整性满足运行技术规范要求，未发生国际核事件分级(INES)2 级及 2 级以上运行事件。核电厂人员的个人剂量和集体剂量均保持较低水平，放射性流出物排放总量低于国家监管部门批准排放年限值，环境空气吸收剂量率在当地本底辐射水平正常涨落范围之内，没有发生影响环境与公众健康的事件。

据了解，与世界核电运营者协会(WANO)规定的性能指标对照，截至 2020 年年底，中国具备统计 WANO 综合指数的 47 台核电机组中，28 台机组的综合指数为满分，占我国核电机组总数的 60%。

在中国核能可持续发展论坛 2021 年春季峰会上，《报告》指出，“十三五”期间 AP1000、EPR 三代核电技术全球首堆相继在我国建成投产并完成首炉燃料循环运行，自主核电品牌“华龙一号”成功并网，标志着我国在三代核电技术领域已跻身世界前列。

## 1.6 本书主要内容

核电工程测量主要为核电厂建设提供位置基准，满足建筑物及设备定位的设计技术要求，并监测施工与运营过程中厂房的变形情况，为保障核电厂建设质量和安全运营发挥重要作用。核电工程测量的主要内容，包括核电厂建设过程中的地形测量、施工测量和变形监测三个组成部分。由于核电厂常规岛建设与普通火电厂工程测量工作内容相似，本书不对常规岛测量工作做专门论述，此外还略去了对核电厂建设选址与勘察阶段的地形测量知识的介绍，而侧重结合核电厂不同建设阶段，介绍与核电厂核岛厂房及设备安装工程建设密切相关的控制测量、施工与设备安装放样及厂区的变形监测工作，并对核电厂建设测量管理工作的有关内容进行系统论述。

## ◎ 思考题

1. 简述核电站的含义及核电的特点。
2. 简述我国发展核电建设的必要性。
3. 简述核电发展的历史概况。
4. 简述核电工程测量的主要内容。
5. 查阅文献资料，理解核裂变的原理及不同核反应堆类型的特色。

# 第 2 章　测绘数据处理基础

测绘工作的基本原则是“先整体后局部，先控制后碎部”。核电工程测量，包括规划选址及勘察设计阶段的地形图测绘、核电站建设与运营阶段的施工测量和变形监测等工作，几个阶段都需要建立相应精度的测量控制网。控制测量的目的是限制误差的累积，提高测绘成果的精度，保障测绘和放样工作质量。本章主要介绍与精度相关的测绘数据处理基础知识，包括观测误差的基本知识、测量平差的基本原理、经典平差和自由网平差的有关内容，为后面系统介绍核电工程施工测量与变形监测提供理论基础。

## 2.1　观测误差

### 2.1.1　误差的定义及来源

构成测量工作的要素包括观测者、测量仪器和所处观测环境(又称外界条件，如温度、气压和风力等)，通常将构成测量的要素称为观测条件。受观测条件的限制，测量工作不可能完美无瑕，由此产生的观测数据中都包含误差。误差即观测对象(在不引起歧义的情况下，观测对象有时也被称为观测量或观测值)的真值与其观测值之间的差值，可用式(2-1-1)表示：

$$\Delta_i = \widetilde{L}_i - L_i (i = 1, 2, \cdots, n) \tag{2-1-1}$$

式中，$\Delta_i$ 为观测值的误差，$\widetilde{L}_i$ 为观测对象的真值，$L_i$ 表示观测值。

误差产生的原因可归于观测者、测量仪器及观测环境三个主要方面：

1. 观测者

观测者感观能力的局限会使观测结果产生误差，如经纬仪方向观测时照准目标偏差及在测微器上读数不精确等。

2. 测量仪器

观测时使用的测量仪器在制造或结构上的不完美使得测量数据中包含误差，如经纬仪度盘刻划不均匀对角度测量的影响、水准仪视准轴与水准管轴不平行对观测高差的影响，等等。

3. 观测环境

观测时外界环境的影响也会使观测成果产生误差，如观测时大气温度、湿度、气压、风力、引力场或磁场及其变化，都会影响观测数据的准确性。

### 2.1.2 误差的分类及相应的处理方法

受观测条件的限制，观测数据中会包含误差。根据误差的性质，可将观测误差分为系统误差、偶然误差和粗差三种类型。

1. 系统误差

在相同的观测条件下进行一系列观测，如果误差在大小和符号上都表现出规律性(保持为一个常数，或者按一定规律变化)，则可称为系统误差。如测距仪测距时加常数和乘常数对所测距离的影响，温度对钢尺量距的影响，水准测量中视准轴与水准管轴不平行而存在的 $i$ 角误差对高差的影响，等等，均属于系统误差。

系统误差具有累积性，对成果质量的影响比较显著，在实际工作中，应采取各种方法来消除或削弱其影响，达到实际上可以忽略不计的程度。消除或削弱系统误差的方法之一，是在测量工作中采用合理的操作程序。如水准测量时，通过限制前后视距差或视距差累积值，来削弱 $i$ 角误差、地球曲率与大气折光等因素对观测高差的影响。消除系统误差，还可以计算观测数据中的系统误差的大小，在观测成果中直接改正。如钢尺量距时，对距离观测值进行的温度改正。

2. 偶然误差

在相同的观测条件下进行一系列的观测，如果误差在大小和符号上，都表现出随机性，但就大量误差的总体而言，具有一定的统计规律性，这种误差称为偶然误差。

受观测条件的限制，偶然误差是不可避免的，如安置仪器时不能完全对中或整平，观测时不能精确照准目标，估读厘米刻划的水准尺上的毫米数不准确，等等。根据误差理论，偶然误差在测绘数据处理中是按最小二乘原理进行的。

3. 粗差

粗差是由于观测者粗心或观测错误引起的大量级的误差。引起粗差的原因很多，如测角时仪器安置位置错误、水准测量时读错或记错读数、测距仪测距时加常数设置错误，等等。粗差的存在，严重影响测量成果的质量，甚至会给测量工作带来难以估计的灾难性后果，故在测量工作中，必须严格执行测量规范和有关技术要求，采取适当的方法和措施，避免观测时出现粗差。

### 2.1.3 衡量精度的指标

精度是指误差分布密集或离散的程度。常用的精度指标包括：方差或中误差、极限误差和相对误差。

1. 方差、中误差

随机变量 $X$ 的方差定义式为

$$\sigma_X^2 = D(X) = E[(X - E(X))^2] = \int_{-\infty}^{+\infty} (X - E(X))^2 f(x)\,\mathrm{d}x \tag{2-1-2}$$

随机误差 $\Delta$ 的概率密度函数表达式为

$$f(\Delta) = \frac{1}{\sqrt{2\pi}\,\sigma} \mathrm{e}^{-\frac{\Delta^2}{2\sigma^2}} \tag{2-1-3}$$

式中，$\sigma^2$ 是误差分布的方差。

由于 $E(\Delta)=0$，因此，按方差的定义式(2-1-2)，则

$$\sigma^2 = D(\Delta) = E[\Delta^2] = \int_{-\infty}^{+\infty} \Delta^2 f(\Delta)\,\mathrm{d}x \tag{2-1-4}$$

$\sigma$ 称随机变量的中误差，恒取正值，即

$$\sigma = \sqrt{E[\Delta^2]} \tag{2-1-5}$$

如果在相同的观测条件下得到了一组独立的观测误差，根据式(2-1-3)及式(2-1-4)，则有

$$\left.\begin{aligned} \sigma^2 &= D(\Delta) = E(\Delta^2) = \lim_{n\to\infty}\sum_{i=1}^{n}\frac{\Delta_i^2}{n} \\ \sigma &= \sqrt{\lim_{n\to\infty}\sum_{i=1}^{n}\frac{\Delta_i^2}{n}} \end{aligned}\right\} \tag{2-1-6}$$

在实际工作中，由于观测值的个数是有限的，因此只能得到观测值方差和中误差的估计值，即：

$$\left.\begin{aligned} \hat{\sigma}^2 &= \frac{1}{n}\sum_{i=1}^{n}\Delta_i^2 \\ \hat{\sigma} &= \sqrt{\frac{1}{n}\sum_{i=1}^{n}\Delta_i^2} \end{aligned}\right\} \tag{2-1-7}$$

这就是根据一组等精度观测值真误差求方差和中误差的基本公式，$\hat{\sigma}$ 恒取正值。

2. 极限误差

中误差不是代表个别误差的大小，而是代表误差分布离散程度的大小。根据正态随机变量的性质，在大量同精度观测的一组误差中，误差落在 $(-\sigma, +\sigma)$、$(-2\sigma, +2\sigma)$ 和 $(-3\sigma, +3\sigma)$ 的概率分别为：

$$\left.\begin{aligned} P(-\sigma < \Delta < +\sigma) &= 68.3\% \\ P(-2\sigma < \Delta < +2\sigma) &= 95.5\% \\ P(-3\sigma < \Delta < +3\sigma) &= 99.7\% \end{aligned}\right\} \tag{2-1-8}$$

这就是说，绝对值大于中误差的偶然误差，其出现的概率为 31.7%，绝对值大于 2 倍中误差的偶然误差出现的概率为 4.5%，而对于绝对值大于 3 倍中误差的偶然误差出现的概率为 0.3%。对绝对值大于 2 倍或 3 倍中误差的偶然误差，都属于小概率事件，在实际工作中不应该发生。因此，在工程测量规范中，通常以 2 倍中误差作为偶然误差的极限值，称为极限误差。即

$$\Delta_{限} = 2\sigma \tag{2-1-9}$$

实际工作中，有时也采用 $3\sigma$ 作为极限误差。

3. 相对误差

对于某些观测结果，有时仅靠中误差还不能完全表达观测结果的好坏。例如，分别观测了 1000m 和 10m 的两段距离，观测值的中误差均为 2mm，虽然两者的中误差相同，

显然两者的精度并不相同，前者的精度相对后者更高。相对中误差，是指中误差与观测值的比值，在测量中一般将分子化为 1，用 $\frac{1}{N}$ 表示。如上述两段距离，其相对中误差分别为 $\frac{1}{500000}$ 和 $\frac{1}{5000}$。

对于真误差和极限误差，有时也用相对误差表示。例如，经纬仪导线测量时，规范中规定相对闭合差不能超过 $\frac{1}{2000}$，它就是相对极限误差，而在实测中所产生的相对闭合差，则是相对真误差。

与相对误差相对应，真误差、中误差和极限误差又称为绝对误差。

**例 2-1-1**　有一段距离，其观测值及其中误差为 345.675m±15mm，估计该观测值的实际可能范围是多少？并求它的相对中误差。

**解：**按式(2-1-8)，取置信概率为 99.7%，则真误差的极限值是

$$|\Delta_{限}| < 3\sigma = 45\text{mm}$$

因此，观测值的实际可能范围是

$$L \pm \Delta,\ 即(L-\Delta,\ L+\Delta) = (345.630\text{m},\ 345.720\text{m})$$

根据相对中误差的定义，该观测值的相对中误差

$$\frac{\sigma}{L} = \frac{15}{345675} = \frac{1}{23045}$$

4. 协方差阵

将单一观测值的精度指标拓展到一系列观测值，即观测值列向量(又称观测向量)，则观测向量的精度指标是方差——协方差阵，简称方差阵或协方差阵。

对于由一组随机变量 $X_i(i=1, 2, \cdots, n)$ 组成的随机向量 $\underset{n1}{X} = [X_1\quad X_2\quad \cdots\quad X_n]^{\mathrm{T}}$，其数学期望定义为

$$E(X) = \mu_X = \begin{bmatrix} E(X_1) \\ E(X_2) \\ \cdots \\ E(X_n) \end{bmatrix} \tag{2-1-10}$$

$\underset{n1}{X}$ 的方差是一个矩阵，称为方差-协方差阵，又称方差阵或协方差阵，其定义式为

$$D_{XX} = E[(X-E(X))(X-E(X))^{\mathrm{T}}]$$
$$= \begin{bmatrix} \sigma_{X_1}^2 & \sigma_{X_1X_2}^2 & \cdots & \sigma_{X_1X_n}^2 \\ \sigma_{X_2X_1}^2 & \sigma_{X_2}^2 & \cdots & \sigma_{X_2X_n}^2 \\ \vdots & \vdots & \cdots & \vdots \\ \sigma_{X_nX_1}^2 & \sigma_{X_nX_2}^2 & \cdots & \sigma_{X_n}^2 \end{bmatrix} \tag{2-1-11}$$

协方差阵主对角线上的元素分别是各观测值 $X_i$ 的方差 $\sigma_{X_i}^2$，非主对角线上的元素则为观测值 $X_i$ 关于 $X_j$ 的协方差，其定义式为

$$\sigma_{X_iX_j} = E[(X_i - E(X_i))(X_j - E(X_j))] \tag{2-1-12}$$

根据协方差的定义式，不难看出 $\sigma_{X_iX_j} = \sigma_{X_jX_i}$，因此协方差阵是对称阵。

5. 互协方差阵

如果有两组观测向量 $\underset{n1}{X}$ 和 $\underset{r1}{Y}$，它们的数学期望分别为 $E(X)$ 和 $E(Y)$，记

$$\underset{(n+r)1}{Z} = \begin{bmatrix} X \\ Y \end{bmatrix} \tag{2-1-13}$$

则 $Z$ 的方差阵为

$$D_{ZZ} = \begin{bmatrix} D_{XX} & D_{XY} \\ D_{YX} & D_{YY} \end{bmatrix} \tag{2-1-14}$$

其中 $D_{XX}$ 和 $D_{YY}$ 分别为 $X$ 和 $Y$ 的协方差阵，而

$$D_{XY} = \begin{bmatrix} \sigma_{X_1Y_1} & \sigma_{X_1Y_2} & \cdots & \sigma_{X_1Y_r} \\ \sigma_{X_2Y_1} & \sigma_{X_2Y_2} & \cdots & \sigma_{X_2Y_r} \\ \vdots & \vdots & \cdots & \vdots \\ \sigma_{X_nY_1} & \sigma_{X_nY_2} & \cdots & \sigma_{X_nY_r} \end{bmatrix} \tag{2-1-15}$$

且有

$$D_{XY} = E[(X - E(X))(Y - E(Y))^{\mathrm{T}}] = D_{YX}^{\mathrm{T}} \tag{2-1-16}$$

称 $D_{XY}$ 为观测值向量 $X$ 关于 $Y$ 的互协方差阵。若 $D_{XY} = 0$，则称 $X$ 与 $Y$ 是相互独立的观测向量。

### 2.1.4 协方差传播定律

描述观测值函数的中误差和观测值中误差之间的关系表达式称为协方差传播律。当观测值的函数为非线性时，求非线性函数的方差，需要将非线性函数化成线性函数形式，再根据线性函数的协方差传播律求该函数的方差。

1. 线性函数的协方差传播律

设有观测向量 $\underset{n1}{X}$，它的数学期望 $\mu_X$ 与方差阵 $D_{XX}$ 分别如式(2-1-10)和式(2-1-11)。设 $X$ 的 $t$ 个线性函数

$$\underset{t1}{Z} = \underset{tn}{K}\underset{n1}{X} + \underset{t1}{K_0} \tag{2-2-17}$$

式中，相关符号含义分别为：

$$Z = \begin{bmatrix} Z_1 \\ Z_2 \\ \vdots \\ Z_t \end{bmatrix}, \quad K = \begin{bmatrix} k_{11} & k_{12} & \cdots & k_{1n} \\ k_{21} & k_{22} & \cdots & k_{2n} \\ \vdots & \vdots & \vdots & \vdots \\ k_{t1} & k_{t2} & \cdots & k_{tn} \end{bmatrix}, \quad K_0 = \begin{bmatrix} k_{10} \\ k_{20} \\ \cdots \\ k_{t0} \end{bmatrix} \tag{2-1-18}$$

按协方差的定义，则

$$D_{ZZ} = KD_{XX}K^{\mathrm{T}} \tag{2-1-19}$$

设另有 $X$ 的 $r$ 个线性函数

$$\underset{r1}{Y} = \underset{rn}{F}\underset{n1}{X} + \underset{r1}{F_0} \tag{2-1-20}$$

式中，各符号含义分别为：

$$Y = \begin{bmatrix} Y_1 \\ Y_2 \\ \vdots \\ Y_r \end{bmatrix}, \quad F = \begin{bmatrix} f_{11} & f_{12} & \cdots & f_{1n} \\ f_{21} & f_{22} & \cdots & f_{2n} \\ \vdots & \vdots & \vdots & \vdots \\ f_{r1} & f_{r2} & \cdots & f_{rn} \end{bmatrix}, \quad F_0 = \begin{bmatrix} f_{10} \\ f_{20} \\ \cdots \\ f_{r0} \end{bmatrix} \tag{2-1-21}$$

同理，$Y$ 的协方差阵为

$$D_{YY} = FD_{XX}F^{\mathrm{T}} \tag{2-1-22}$$

进一步，$Y$ 与 $Z$ 的互协方差阵为

$$D_{YZ} = FD_{XX}K^{\mathrm{T}} = D_{ZY}^{\mathrm{T}} \tag{2-1-23}$$

2. 非线性函数的协方差传播律

设有观测向量 $\underset{n1}{X}$ 的非线性函数

$$Z = f(X) \tag{2-1-24}$$

将非线性函数求全微分，则

$$\mathrm{d}Z = K\mathrm{d}X \tag{2-1-25}$$

式中，$K = \left[\left(\frac{\partial f}{\partial X_1}\right)_0 \quad \left(\frac{\partial f}{\partial X_2}\right)_0 \quad \cdots \quad \left(\frac{\partial f}{\partial X_n}\right)_0\right]$，$\left(\frac{\partial f}{\partial X_i}\right)_0$ 是函数对各个变量所取的偏导数，并以近似值 $X^0$ 代入后的计算结果，它们都是常数。

则可按线性函数协方差传播律求得 $Z$ 的协方差阵

$$D_{ZZ} = KD_{XX}K^{\mathrm{T}} \tag{2-1-26}$$

同理，若 $\mathrm{d}Y = F\mathrm{d}X$，按式(2-1-22)和式(2-1-23)，则

$$\left.\begin{aligned} D_{YY} &= FD_{XX}F^{\mathrm{T}} \\ D_{YZ} &= FD_{XX}K^{\mathrm{T}} \end{aligned}\right\} \tag{2-1-27}$$

### 2.1.5　权与协因数传播律

1. 权的定义

设有一组观测值 $L_i$ ($i=1, 2, \cdots, n$)，它们的方差为 $\sigma_i^2$ ($i=1, 2, \cdots, n$)，如选定任意常数 $\sigma_0^2$，定义

$$p_i = \frac{\sigma_0^2}{\sigma_i^2} \tag{2-1-28}$$

称 $p_i$ 为观测值 $L_i$ 的权，式中 $\sigma_0^2$ 为单位权方差。

2. 协因数

由权的定义知道，观测值的权与它的方差成反比。设有观测值 $L_i$ 和 $L_j$，它们的方差分别为 $\sigma_i^2$ 和 $\sigma_j^2$，它们之间的协方差为 $\sigma_{ij}$，令

$$\left.\begin{aligned} Q_{ii} &= \frac{1}{p_i} = \frac{\sigma_i^2}{\sigma_0^2} \\ Q_{jj} &= \frac{1}{p_j} = \frac{\sigma_j^2}{\sigma_0^2} \\ Q_{ij} &= \frac{\sigma_{ij}}{\sigma_0^2} \end{aligned}\right\} \tag{2-1-29}$$

或表示为

$$\left.\begin{aligned} \sigma_i^2 &= \sigma_0^2 Q_{ii} \\ \sigma_j^2 &= \sigma_0^2 Q_{jj} \\ \sigma_{ij} &= \sigma_0^2 Q_{ij} \end{aligned}\right\} \tag{2-1-30}$$

称 $Q_{ii}$ 和 $Q_{jj}$ 分别为 $L_i$ 和 $L_j$ 的协因数，$\sigma_{ij}$ 为 $L_i$ 关于 $L_j$ 的互协因数。

3. 协因数阵

将协因数的概念扩充，假定有观测向量 $\underset{n1}{X}$ 和 $\underset{r1}{Y}$，它们的方差阵分别为 $D_{XX}$ 和 $D_{YY}$，$X$ 关于 $Y$ 的协方差阵为 $D_{XY}$，令

$$Q_{XX} = \frac{1}{\sigma_0^2} D_{XX} = \frac{1}{\sigma_0^2} \begin{bmatrix} \sigma_{X_1}^2 & \sigma_{X_1X_2}^2 & \cdots & \sigma_{X_1X_n}^2 \\ \sigma_{X_2X_1}^2 & \sigma_{X_2}^2 & \cdots & \sigma_{X_2X_n}^2 \\ \vdots & \vdots & \cdots & \vdots \\ \sigma_{X_nX_1}^2 & \sigma_{X_nX_2}^2 & \cdots & \sigma_{X_n}^2 \end{bmatrix} = \begin{bmatrix} Q_{X_1X_1} & \cdots & Q_{X_1X_n} \\ \vdots & & \vdots \\ Q_{X_nX_1} & \cdots & Q_{X_nX_n} \end{bmatrix}$$

$$Q_{YY} = \frac{1}{\sigma_0^2} D_{YY} = \frac{1}{\sigma_0^2} \begin{bmatrix} \sigma_{Y_1}^2 & \sigma_{Y_1Y_2}^2 & \cdots & \sigma_{Y_1Y_r}^2 \\ \sigma_{Y_2Y_1}^2 & \sigma_{Y_2}^2 & \cdots & \sigma_{Y_2Y_r}^2 \\ \vdots & \vdots & \cdots & \vdots \\ \sigma_{Y_rY_1}^2 & \sigma_{Y_rY_2}^2 & \cdots & \sigma_{Y_r}^2 \end{bmatrix} = \begin{bmatrix} Q_{Y_1Y_1} & \cdots & Q_{Y_1Y_r} \\ \vdots & & \vdots \\ Q_{Y_rY_1} & \cdots & Q_{Y_rY_r} \end{bmatrix}$$

$$Q_{XY} = \frac{1}{\sigma_0^2} D_{XY} = \frac{1}{\sigma_0^2} \begin{bmatrix} \sigma_{X_1Y_1}^2 & \sigma_{X_1Y_2}^2 & \cdots & \sigma_{X_1Y_r}^2 \\ \sigma_{X_2Y_1}^2 & \sigma_{X_2Y_2}^2 & \cdots & \sigma_{X_2Y_r}^2 \\ \vdots & \vdots & \cdots & \vdots \\ \sigma_{X_nY_1}^2 & \sigma_{X_nY_2}^2 & \cdots & \sigma_{X_nY_r}^2 \end{bmatrix} = \begin{bmatrix} Q_{X_1Y_1} & \cdots & Q_{X_1Y_r} \\ \vdots & & \vdots \\ Q_{X_nY_1} & \cdots & Q_{X_nY_r} \end{bmatrix}$$

或写为

$$\left.\begin{aligned} D_{XX} &= \sigma_0^2 Q_{XX} \\ D_{YY} &= \sigma_0^2 Q_{YY} \\ D_{XY} &= \sigma_0^2 Q_{XY} \end{aligned}\right\} \tag{2-1-31}$$

4. 协因数传播律

设有观测值，已知它的协因数阵 $Q_{XX}$，又设有 $X$ 的函数 $Y$ 和 $Z$

$$\left.\begin{aligned} Y &= FX + F^0 \\ Z &= KX + K^0 \end{aligned}\right\} \tag{2-1-32}$$

根据协方差传播律和协方差的定义，则协因数传播律关系式为

$$\left.\begin{aligned} Q_{YY} &= FD_{XX}F^{\mathrm{T}} \\ Q_{ZZ} &= KD_{XX}K^{\mathrm{T}} \\ Q_{YZ} &= FD_{XX}K^{\mathrm{T}} \end{aligned}\right\} \tag{2-1-33}$$

如果 $Y$ 和 $Z$ 的各个分量都是 $X$ 的非线性函数，则求 $Y$ 和 $Z$ 的全微分，即

$$\left.\begin{aligned} Y &= F\mathrm{d}X \\ Z &= K\mathrm{d}X \end{aligned}\right\} \tag{2-1-34}$$

则 $Y$ 和 $Z$ 的协因数阵及其互协因数阵，可按式(2-1-33)得到。

**例 2-1-2**　设有观测向量 $\underset{31}{L}$ 的协方差阵为

$$D_{LL} = \begin{bmatrix} 3 & 0 & -1 \\ 0 & 4 & 1 \\ -1 & 1 & 2 \end{bmatrix},$$

单位权方差 $\sigma_0^2 = 2$。现有函数 $\varphi_1 = L_1 \cdot L_2$，$\varphi_2 = 2L_1 - L_3$，试求 $D_{\varphi_1\varphi_2}$ 和 $Q_{\varphi_1\varphi_2}$。

**解**：对非线性函数线性化，则

$$\mathrm{d}\varphi_1 = L_2\mathrm{d}L_1 + L_1\mathrm{d}L_2$$

根据协方差传播律，则

$$D_{\varphi_1\varphi_2} = [L_2 \quad L_1 \quad 0]\begin{bmatrix} 3 & 0 & -1 \\ 0 & 4 & 1 \\ -1 & 1 & 2 \end{bmatrix}\begin{bmatrix} 2 \\ 0 \\ -1 \end{bmatrix}$$

$$= -L_1 + 7L_2$$

根据协方差阵与协因数阵的关系，则

$$Q_{\varphi_1\varphi_2} = \frac{1}{\sigma_0^2}D_{\varphi_1\varphi_2} = -0.5L_1 + 3.5L_2$$

## 2.2　测量平差原理

控制测量的目的是以较高精度确定控制网中各待定点在空间的几何位置或坐标($X$、$Y$ 和 $H$)，当网中各点的坐标确定后，则控制网点间的高差、边长和方位角等多种元素也随之确定。为了确定控制点在空间的位置，通常先构建水准网、平面网或 GPS 网等几何图形(又称为几何模型)，然后观测模型中的高差、角度或边长等元素，从而确定模型的位置、形状或大小，等等。

### 2.2.1　配置元素

在测量工作中，为了得到待定点的坐标，必须具备必要的已知数据。如水准网中，

必须至少已知一个点的高程；平面三角网中，必须至少已知一个点的坐标和一条边的方位角，特别地，对测角网，还必须已知一条边长。这些必要的已知数据称为测量计算的基准数据或计算基准。

当控制网中没有足够的已知数据时，必须假定或给定计算基准。如水准网中没有已知高程点时，必须假定网中一个点的高程；平面网中没有已知点时，必须假定其中一个点的坐标（$X$、$Y$）、一条边的方位角（$\alpha$），特别地，对测角网，还必须给定一条边长（$S$），值得注意的是，边长不能任意假定，必须精确给出，否则，不能真实反映控制网的大小。计算基准又称为控制网的网外配置元素（简称配置元素），其作用是将控制网定位于与配置元素对应的坐标系（如国家坐标系、地方坐标系或假定坐标系）中。显然，配置元素有两种类型，一种是可以任意假定的高程、坐标与方位角元素，假定值的大小不影响控制网的形状和各点间的相对位置；另一种是必须精确给定的边长元素。不难看出，各控制网的配置元素分别如下：

水准网：网中任意一个点的高程；

平面网：网中任意一个点的平面坐标、一条边的方位角；对测角网，还包括一条边长；

GPS 网：网中任意一个点的三维坐标。

### 2.2.2 必要观测元素与条件方程

1. *必要元素和必要观测数*

一个几何模型由最基本的单元即几何元素（以下简称元素）组成。例如，水准网中包含高差、高程等元素；平面网中包含角度、边长、方位角及坐标等元素。确定一个几何模型，并不需要知道该模型中所有元素的大小，而只需要知道其中一部分元素的大小就可以了。一旦几何模型建立，能唯一确定该模型的元素也随之确定。确定一个几何模型所必需的元素称为必要元素，除网外配置元素可以假定或给定外，其余必要元素必须通过观测才能得到。必须通过观测得到的必要元素称为必要观测元素或必要观测量，必要观测元素的个数简称必要观测数，用 $t$ 表示。

2. *必要元素的性质*

能唯一确定某一模型的 $t$ 个必要元素是一组独立元素，换句话说，其中的任何一个元素都不可能表达成其余元素的函数。

忽略网外配置元素，由于一个模型能通过 $t$ 个必要元素唯一确定，意味着该模型中任何一个元素都可以表达成这 $t$ 个必要元素的函数关系式。换言之，模型中的任何一个元素，一定和这 $t$ 个独立的必要元素之间存在确定的函数关系式。

3. *多余观测数与条件方程*

仅仅通过观测 $t$ 个必要元素，虽然可以唯一地确定一个几何模型，但如果观测值中包括错误或者粗差，是无法识别出来的。例如，三角形的形状，可以由任意两个内角唯一确定，但如果其中任何一个内角观测值有错误，是无法察觉的。在控制测量工作中，观测数据中包含粗差这种情形是不允许发生的，必须进行多余观测，以便发现并剔除包

含粗差的观测值。如果模型中有 $n$ 个观测值，必要观测数是 $t$，设

$$r = n - t \tag{2-2-1}$$

表示平差模型中有 $r$ 个多余观测值，多余观测值的个数 $r$ 又称为多余观测数，多余观测数在统计学中也称为自由度。当模型中有 $r$ 个多余观测数时，则 $r$ 个观测量的真值之间必然存在着 $r$ 个约束条件的函数关系式，在测量平差中，将满足某种特定约束条件的这种函数关系式称为条件方程。

以图 2-2-1 为例，为了确定 $\triangle ABC$ 的形状和大小，观测了它的三个内角（$L_1$，$L_2$，$L_3$）和三条边长（$S_1$，$S_2$，$S_3$）。如前所述，已知必要观测数 $t=3$，观测值总数 $n=6$，于是多余观测数 $r=n-t=6-3=3$，因此必然会产生 3 个条件方程，条件方程的形式见式(2-2-2) ~ 式(2-2-4)。当然，条件方程还可以列出其他的表达式，但列出的全部方程中，有效的条件方程数只有 3 个，和多余观测数一致。

$$\tilde{L}_1 + \tilde{L}_2 + \tilde{L}_3 - 180° = 0 \tag{2-2-2}$$

$$\frac{\tilde{S}_1}{\sin \tilde{L}_2} - \frac{\tilde{S}_2}{\sin \tilde{L}_1} = 0 \tag{2-2-3}$$

$$\frac{\tilde{S}_1}{\sin \tilde{L}_2} - \frac{\tilde{S}_3}{\sin \tilde{L}_3} = 0 \tag{2-2-4}$$

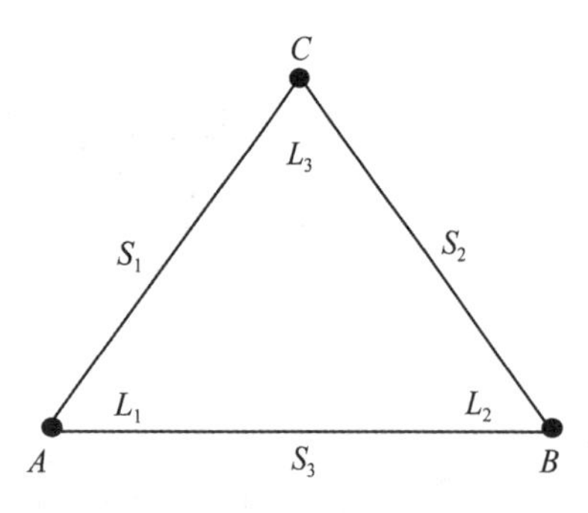


图 2-2-1　三角形示意图

实际上，条件方程亦即观测值的真值之间应满足的约束条件，可以表达成一般形式：

$$F(\tilde{L}) = 0 \tag{2-2-5}$$

由于观测值中不可避免地存在观测误差，将观测值代入条件方程时必然不成立，即

$$F(L) = W \neq 0 \tag{2-2-6}$$

式中，$W$ 称为观测值之间的不符值或条件方程闭合差。

以图 2-2-1 为例，若代入各观测值，则式(2-2-2) ~ 式(2-2-4)会有：

$$L_1 + L_2 + L_3 - 180° = W_1 \neq 0 \tag{2-2-7}$$

$$\frac{S_1}{\sin L_2} - \frac{S_2}{\sin L_1} = W_2 \neq 0 \tag{2-2-8}$$

$$\frac{S_1}{\sin L_2} - \frac{S_3}{\sin L_3} = W_3 \neq 0 \tag{2-2-9}$$

式(2-2-7) ~ 式(2-2-9)中的 $W_1$、$W_2$ 和 $W_3$ 分别为相应条件方程的闭合差。显然，闭合差的理论值为 0。

### 2.2.3　测量平差的含义及任务

1. 测量平差的含义

从几何意义上说，测量平差包括两个方面，一方面通过外业观测数据，利用最小二

乘准则，确定几何模型的最佳形状(模型中各点间的相对位置)；另一方面，通过起算基准，将模型定位于特定的坐标系中。若只有必要的起算数据，只能实现几何模型的简单定位，若有多余的起算数据，则可以实现多个起算数据下的最佳拟合定位。

2. 测量平差的任务

测量平差的任务，首先借助几何模型，列出因多余观测产生的条件方程，在此基础上，依据最小二乘准则，对观测值进行合理的调整，消除条件方程闭合差，求得未知量的最佳估值，并对观测成果进行精度评定。

## 2.3 经典平差

### 2.3.1 必要观测数的计算

平差计算前，首先应列出条件方程，虽然条件方程的列法或形式并不唯一，但有效条件方程的个数等于多余观测数，是确定的。多余观测数 $r$ 是观测值总数 $n$ 与必要观测数 $t$ 之差，计算必要观测数 $t$ 的表达式为：

$$t = N_1 - N_2 - N_3 \tag{2-3-1}$$

式中，$N_1$ 表示模型中独立元素的总数，$N_2$ 表示模型中配置元素的个数，$N_3$ 为模型中多余的独立起算数据数，即已知的独立元素超出配置元素的个数。很显然，$N_3 \geqslant 0$。

对不同类型的控制网，分别说明如下：

1. 水准网

$N_1$ 等于水准网中高程点总数，$N_2 = 1$，$N_3 =$ 已知的高程点数 $- 1$。

2. 测角网

$N_1$ 等于测角网中独立元素的总数，其中一个平面点包含 $x$ 和 $y$ 两个坐标元素；$N_2 = 4$，$N_3 =$ 已知的独立元素个数 $- 4$。

3. 测边网和边角网

$N_1$ 等于测边网或边角网中独立元素的总数，其中一个平面点包含 $x$ 和 $y$ 两个坐标元素，$N_2 = 3$，$N_3 =$ 已知的独立元素个数 $- 3$。

4. GPS 网

$N_1$ 等于 GPS 网中独立元素的总数，每个点包含 $x$、$y$ 和 $z$ 三个坐标元素；$N_2 = 3$，$N_3 =$ 已知的独立元素个数 $- 3$。

**例 2-3-1** 如图 2-3-1 中(a)和(b)中所示，$A$、$B$ 和 $C$ 点为已知点，$P_i$ 为待定点，分别观测了高程 $h_i$ 及角度 $\beta_i$，$\tilde{\alpha}_0$ 及 $\tilde{S}_0$ 为已知方位角和已知边长，分别求图中水准网和测角网的必要观测数。

**解：** (1)图(a)所示水准网中，有 3 个已知点，3 个待定点，配置元素 $N_2 = 1$，因此 $N_1 = 6$，$N_3 = 3 - 1 = 2$，$t = N_1 - N_2 - N_3 = 6 - 1 - 2 = 3$。

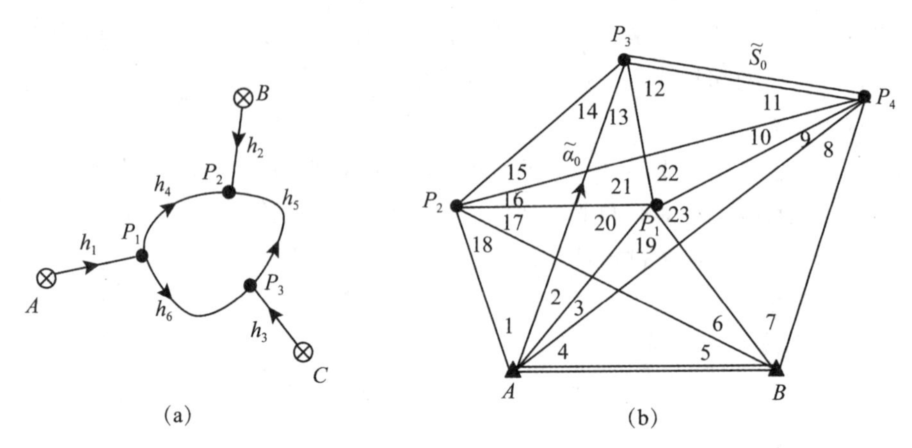


图 2-3-1　水准网和边角网示意图

(2)图(b)所示的测角网中，共有 2 个已知点，4 个待定点，另有一个已知边长和一个已知方位角，已知测角网配置元素 $N_2 = 4$，因此独立元素个数 $N_1 = 6 \times 2 = 12$，多余独立起算数据个数 $N_3 = 2 \times 2 + 2 - 4 = 2$，于是必要观测数 $t = N_1 - N_2 - N_3 = 12 - 4 - 2 = 6$。

**例 2-3-2**　如图 2-3-2 所示，$A \sim E$ 为已知点，$P_i$ 为待定点，$S_i$ 为边长观测值，$\beta_i$ 为角度观测值，求该图形的必要观测数、多余观测数及各类条件方程的个数。

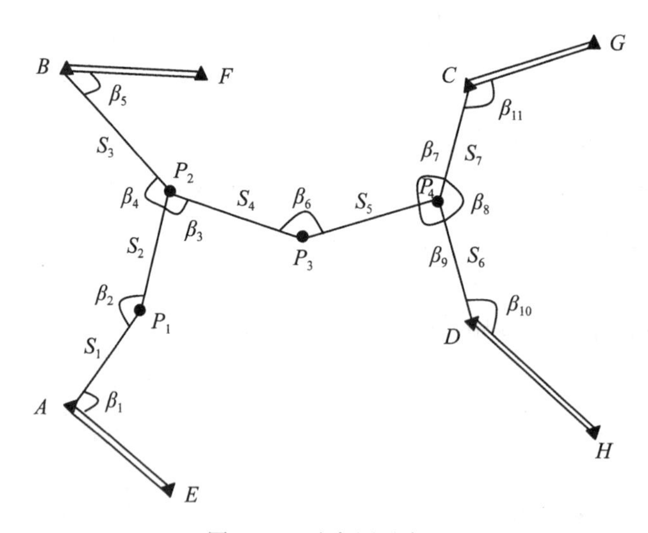


图 2-3-2　边角网示意图

**解：**图中几何图形的独立元素包括 8 个已知点及 4 个待定点，7 个边长观测值 $S_i$，11 个角度观测值 $\beta_i$，故存在 24 个独立的坐标元素，因此，$N_1 = 24$，边角网中 $N_2 = 3$，多余的独立起算数据 $N_3 = 8 \times 2 - 3 = 13$。于是：

(1)必要观测数 $t=N_1-N_2-N_3=24-3-13=8$；

(2)多余观测数 $r=n-t=(7+11)-8=10$；

(3)条件方程个数等于多余观测数，不难发现，10个条件方程中包括：

6个坐标附合条件方程，如 $(x,\ y)_A \rightarrow (x,\ y)_{B,\ C,\ D}$，3个方位角附合条件方程，如（$\alpha_{AE} \rightarrow \alpha_{BF}$、$\alpha_{AE} \rightarrow \alpha_{CG}$ 和 $\alpha_{AE} \rightarrow \alpha_{DH}$）和1个以 $P_4$ 点为中心的圆周条件方程。

**例 2-3-3** 如图2-3-3所示，$P_i$ 为待定点，$S_i$ 为边长观测值，$\beta_i$ 为角度观测值，$\tilde{\alpha}_i$ 为已知方位角，试指出按条件平差时条件方程的总数及各类条件方程的个数。

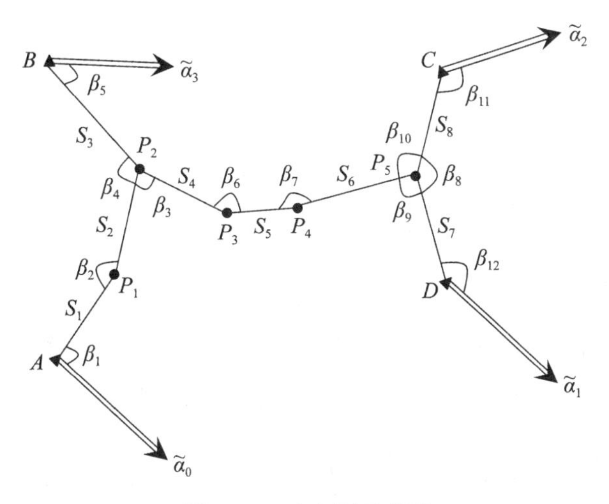


图 2-3-3 边角网示意图

**解**：图中所示的边角网中，共有4个已知点，4个已知方位角，5个待定点，12个角度观测值，8个边长观测值，因此，$N_1=2\times9+4=22$，$N_2=3$，$N_3=4\times2+4-3=9$，因此 $t=N_1-N_2-N_3=22-3-9=10$，则条件方程个数 $r=n-t=12+8-10=10$，其中包括：

(1)坐标附合条件方程6个；

(2)方位角附合条件方程3个；

(3)以 $P_5$ 点为中心的圆周条件方程1个。

### 2.3.2 条件平差

测量平差的函数模型是指描述观测量与未知量之间的函数关系式。条件平差是选择观测量的平差值为未知量，条件方程的个数等于多余观测数。

1. 条件平差原理

条件平差的函数模型：

$$A\hat{L}+A_0=0 \text{ 或 } AV+W=0 \tag{2-3-2}$$

式中，$W = AL + A_0$。

条件平差的随机模型：

$$D = \sigma_0^2 Q = \sigma_0^2 P^{-1} \tag{2-3-3}$$

在最小二乘准则下，可求得观测值改正数及平差值：

$$V = P^{-1}A^{\mathrm{T}}K = -P^{-1}A^{\mathrm{T}}N_{aa}^{-1}W \tag{2-3-4}$$

$$\hat{L} = L + V = L - P^{-1}A^{\mathrm{T}}N_{aa}^{-1}W \tag{2-3-5}$$

式中，$N_{aa}$ 是法方程系数阵，$N_{aa} = AP^{-1}A^{\mathrm{T}}$，$K$ 是联系数向量。

2. 条件平差精度评定

(1)单位权方差的计算公式：

$$\hat{\sigma}_0^2 = \frac{V^{\mathrm{T}}PV}{r} \tag{2-3-6}$$

(2)条件平差基本向量间的协因数阵如表 2-3-1 所示。

(3)观测值平差值函数的精度评定。

设平差值函数的一般形式为：

$$\varphi = f(\hat{L}_1,\ \hat{L}_2,\ \cdots,\ \hat{L}_n) \tag{2-3-7}$$

将非线性表达式线性化，得权函数式：

$$\mathrm{d}\varphi = f_1 \mathrm{d}\hat{L}_1 + f_2 \mathrm{d}\hat{L}_2 + \cdots + f_n \mathrm{d}\hat{L}_n \tag{2-3-8}$$

式中，$f_i = \left(\dfrac{\partial f}{\partial \hat{L}_i}\right)_0$(即用 $\hat{L}_i$ 的值代入各系数表达式后得到的常数项)。

按协因数传播律，则有：

$$Q_{\varphi\varphi} = f^{\mathrm{T}} Q_{\hat{L}\hat{L}} f \tag{2-3-9}$$

式中，$f^{\mathrm{T}} = [f_1 \quad f_2 \quad \cdots \quad f_n]$。将表 2-3-1 中的 $Q_{\hat{L}\hat{L}}$ 表达式代入式(2-3-9)，得平差值函数的协因数阵为：

$$Q_{\varphi\varphi} = f^{\mathrm{T}}Qf - (AQf)^{\mathrm{T}}N_{aa}^{-1}(AQf) \tag{2-3-10}$$

表 2-3-1　**条件平差基本向量间的协因数阵**

| 基本向量 | $L$ | $W$ | $K$ | $V$ | $\hat{L}$ |
|---|---|---|---|---|---|
| $L$ | $Q$ | $QA^{\mathrm{T}}$ | $-QA^{\mathrm{T}}N_{aa}^{-1}$ | $-QA^{\mathrm{T}}N_{aa}^{-1}AQ$ | $Q-QA^{\mathrm{T}}N_{aa}^{-1}AQ$ |
| $W$ | $AQ$ | $N_{aa}$ | $-E$ | $-AQ$ | 0 |
| $K$ | $-N_{aa}^{-1}AQ$ | $-E$ | $N_{aa}^{-1}$ | $N_{aa}^{-1}AQ$ | 0 |
| $V$ | $-QA^{\mathrm{T}}N_{aa}^{-1}AQ$ | $-QA^{\mathrm{T}}$ | $QA^{\mathrm{T}}N_{aa}^{-1}$ | $QA^{\mathrm{T}}N_{aa}^{-1}AQ$ | 0 |
| $\hat{L}$ | $Q-QA^{\mathrm{T}}N_{aa}^{-1}AQ$ | 0 | 0 | 0 | $Q-QA^{\mathrm{T}}N_{aa}^{-1}AQ$ |

说明：$N_{aa} = AP^{-1}A^{\mathrm{T}} = AQA^{\mathrm{T}}$。

### 2.3.3 附有参数的条件平差

基于某些客观的原因，如为了解决列条件方程的困难，有时会在条件平差的基础上，引入 $\mu$ 个独立的未知参数 $\underset{\mu 1}{\hat{X}}$ ($\mu < t$)，每增加一个参数，则相应增加一个限制条件方程。

1. 附有参数的条件平差原理

附有参数的条件平差的函数模型：

$$A\hat{L} + B\hat{X} + A_0 = 0 \text{ 或 } AV + B\hat{x} + W = 0 \tag{2-3-11}$$

式中，$W = AL + BX^0 + A_0$。

附有参数的条件平差的随机模型：

$$D = \sigma_0^2 Q = \sigma_0^2 P^{-1} \tag{2-3-12}$$

在最小二乘准则下，可求得观测值和参数的改正数：

$$V = P^{-1}A^{\mathrm{T}}K = -P^{-1}A^{\mathrm{T}}N_{aa}^{-1}(B\hat{x} + W) \tag{2-3-13}$$

$$\hat{x} = -N_{bb}^{-1}B^{\mathrm{T}}N_{aa}^{-1}W \tag{2-3-14}$$

式中，$N_{bb} = B^{\mathrm{T}}N_{aa}^{-1}B$。

则观测值和参数的平差值分别为：

$$\hat{L} = L + V = L - P^{-1}A^{\mathrm{T}}N_{aa}^{-1}(B\hat{x} + W) \tag{2-3-15}$$

$$\hat{X} = X^0 + \hat{x} \tag{2-3-16}$$

2. 附有参数的条件平差精度评定

(1) 单位权方差的计算公式：

$$\hat{\sigma}_0^2 = \frac{V^{\mathrm{T}}PV}{r} \tag{2-3-17}$$

(2) 附有参数的条件平差基本向量间的协因数阵，如表 2-3-2 所示。

(3) 观测值平差值函数的精度评定。

设平差值函数的一般形式为：

$$\varphi = f(\hat{L},\ \hat{X}) \tag{2-3-18}$$

将非线性表达式线性化，得权函数式：

$$\mathrm{d}\varphi = F^{\mathrm{T}}\mathrm{d}\hat{L} + F_x^{\mathrm{T}}\mathrm{d}\hat{X} \tag{2-3-19}$$

式中，$F^{\mathrm{T}} = \begin{bmatrix} \dfrac{\partial f}{\partial \hat{L}_1} & \dfrac{\partial f}{\partial \hat{L}_2} & \cdots & \dfrac{\partial f}{\partial \hat{L}_n} \end{bmatrix}_{L,\ X^0}$，$F_x^{\mathrm{T}} = \begin{bmatrix} \dfrac{\partial f}{\partial \hat{X}_1} & \dfrac{\partial f}{\partial \hat{X}_2} & \cdots & \dfrac{\partial f}{\partial \hat{X}_\mu} \end{bmatrix}_{L,\ X^0}$。

依协因数传播律，则有：

$$Q_{\varphi\varphi} = F^{\mathrm{T}}Q_{\hat{L}\hat{L}}F + F^{\mathrm{T}}Q_{\hat{L}\hat{X}}F_x + F_x^{\mathrm{T}}Q_{\hat{X}\hat{L}}F + F_x^{\mathrm{T}}Q_{\hat{X}\hat{X}}F_x \tag{2-3-20}$$

式中，$Q_{\hat{L}\hat{L}}$、$Q_{\hat{L}\hat{X}}$、$Q_{\hat{X}\hat{L}}$ 和 $Q_{\hat{X}\hat{X}}$ 可在表 2-3-2 中查找。

表 2-3-2　**附有参数的条件平差基本向量间的协因数阵**

| | $L$ | $W$ | $\hat{X}$ | $K$ | $V$ | $\hat{L}$ |
|---|---|---|---|---|---|---|
| $L$ | $Q$ | $QA^{\mathrm{T}}$ | $N_3Q_{\hat{X}\hat{X}}$ | $-QA^{\mathrm{T}}Q_{KK}$ | $-Q_{VV}$ | $Q-Q_{VV}$ |
| $W$ | $AQ$ | $N_{aa}$ | $-BQ_{\hat{X}\hat{X}}$ | $-N_{aa}Q_{KK}$ | $-N_{aa}Q_{KK}AQ$ | $BQ_{\hat{X}\hat{X}}N_2$ |
| $\hat{X}$ | $-Q_{\hat{X}\hat{X}}N_2$ | $-Q_{\hat{X}\hat{X}}B^{\mathrm{T}}$ | $N_{bb}^{-1}$ | 0 | 0 | $-N_{bb}^{-1}N_2$ |
| $K$ | $-Q_{KK}AQ$ | $-Q_{KK}N_{aa}$ | 0 | $Q_{KK}$ | $Q_{KK}AQ$ | 0 |
| $V$ | $-Q_{VV}$ | $-QA^{\mathrm{T}}Q_{KK}N_{aa}$ | 0 | $QA^{\mathrm{T}}Q_{KK}$ | $QA^{\mathrm{T}}Q_{KK}AQ$ | 0 |
| $\hat{L}$ | $Q-Q_{VV}$ | $QA^{\mathrm{T}}N_{aa}^{-1}N_1$ | $N_3N_{bb}^{-1}$ | 0 | 0 | $Q-Q_{VV}$ |

说明：$N_{aa}=AQA^{\mathrm{T}}$，$N_{bb}=B^{\mathrm{T}}N_{aa}^{-1}B$，$Q_{KK}=N_{aa}^{-1}-N_{aa}^{-1}BN_{bb}^{-1}B^{\mathrm{T}}N_{aa}^{-1}$，$N_1=BQ_{\hat{X}\hat{X}}B^{\mathrm{T}}$，$N_2=B^{\mathrm{T}}N_{aa}^{-1}AQ$，$N_3=-QA^{\mathrm{T}}N_{aa}^{-1}B$。

### 2.3.4　间接平差

控制测量的目的，是为了得到待定点的坐标或高程平差值，若在平差模型中，直接选定待定点的坐标或高程平差值为未知参数，将观测值的平差值表达为选定的 $t$ 个独立参数的函数，这样的函数表达式又称为观测方程，以观测方程为平差模型的平差方法，称为间接平差，也称参数平差。

1. 间接平差原理

间接平差的函数模型：

$$\hat{L}=B\hat{X}+d \text{ 或 } V=B\hat{x}-l \tag{2-3-21}$$

式中，$l=L-(BX^0+d)$。

间接平差的随机模型：

$$D=\sigma_0^2Q=\sigma_0^2P^{-1} \tag{2-3-22}$$

在最小二乘准则下，可求得参数的改正数：

$$\hat{x}=(B^{\mathrm{T}}PB)^{-1}B^{\mathrm{T}}Pl=N_{BB}^{-1}B^{\mathrm{T}}Pl \tag{2-3-23}$$

式中，$N_{BB}=B^{\mathrm{T}}PB$。

将参数改正数代入误差方程，可得观测值和参数的平差值分别为：

$$\hat{L}=L+V=L+B\hat{x}-l \tag{2-3-24}$$

$$\hat{X}=X^0+\hat{x} \tag{2-3-25}$$

2. 间接平差精度评定

(1)单位权方差的计算公式：

$$\hat{\sigma}_0^2=\frac{V^{\mathrm{T}}PV}{r} \tag{2-3-26}$$

(2)间接平差基本向量间的协因数阵，具体如表 2-3-3 所示。

(3)观测值平差值函数的精度评定。

设平差值函数的一般形式为:

$$\varphi = f(\hat{X}_1,\ \hat{X}_2,\ \cdots,\ \hat{X}_t) \tag{2-3-27}$$

将非线性表达式线性化，得权函数式:

$$\mathrm{d}\varphi = f_1\mathrm{d}\hat{X}_1 + f_2\mathrm{d}\hat{X}_2 + \cdots + f_t\mathrm{d}\hat{X}_t \tag{2-3-28}$$

式中，$f_i = \left(\dfrac{\partial f}{\partial \hat{X}_i}\right)_0$（即用 $\hat{X}_i$ 的值代入各系数表达式后得到的常数项）。

按协因数传播律，则有:

$$Q_{\varphi\varphi} = f^{\mathrm{T}} Q_{\hat{X}\hat{X}} f \tag{2-3-29}$$

式中，$f^{\mathrm{T}} = [f_1 \quad f_2 \quad \cdots \quad f_t]$。将表2-3-3中的 $Q_{\hat{X}\hat{X}}$ 表达式代入式(2-3-29)，得平差值函数的协因数阵为:

$$Q_{\varphi\varphi} = f^{\mathrm{T}} N_{BB}^{-1} f \tag{2-3-30}$$

表2-3-3　间接平差基本向量间的协因数阵

| | $L$ | $\hat{X}$ | $V$ | $\hat{L}$ |
|---|---|---|---|---|
| $L$ | $Q$ | $BN_{BB}^{-1}$ | $BN_{BB}^{-1}B^{\mathrm{T}} - Q$ | $BN_{BB}^{-1}B^{\mathrm{T}}$ |
| $\hat{X}$ | $N_{BB}^{-1}B^{\mathrm{T}}$ | $N_{BB}^{-1}$ | 0 | $N_{BB}^{-1}B^{\mathrm{T}}$ |
| $V$ | $BN_{BB}^{-1}B^{\mathrm{T}} - Q$ | 0 | $Q - BN_{BB}^{-1}B^{\mathrm{T}}$ | 0 |
| $\hat{L}$ | $BN_{BB}^{-1}B^{\mathrm{T}}$ | $BN_{BB}^{-1}$ | 0 | $BN_{BB}^{-1}B^{\mathrm{T}}$ |

说明：$N_{BB} = B^{\mathrm{T}}PB$。

### 2.3.5 附有限制条件的间接平差

在间接平差模型中，若选定的参数个数为 $\mu$ ($\mu > t$)，且 $\mu$ 个参数中包含 $t$ 个必要的独立参数，此时 $\mu$ 个参数间一定包含 $s$ ($s = \mu - t$) 个参数间的限制条件方程，以观测方程和该限制条件方程为平差模型的平差方法称为附有限制条件的间接平差。

1. 附有限制条件的间接平差原理

附有限制条件的间接平差的函数模型:

$$\begin{cases} \hat{L} = B\hat{X} + d_1 \\ C\hat{X} + d_2 = 0 \end{cases} \text{或} \begin{cases} V = B\hat{x} - l \\ C\hat{x} + W_x = 0 \end{cases} \tag{2-3-31}$$

式中，$l = L - (BX^0 + d_1)$，$W_x = CX^0 + d_2$。

附有限制条件的间接平差的随机模型:

$$D = \sigma_0^2 Q = \sigma_0^2 P^{-1} \tag{2-3-32}$$

在最小二乘准则下，可求得参数的改正数：

$$\hat{x} = (N_{BB}^{-1} - N_{BB}^{-1}C^{T}N_{CC}^{-1}CN_{BB}^{-1})B^{T}Pl - N_{BB}^{-1}C^{T}N_{CC}^{-1}W_{x} \tag{2-3-33}$$

式中，$N_{BB} = B^{T}PB$，$N_{CC} = CN_{BB}^{-1}C^{T}$。

将参数改正数代入误差方程，可得观测值和参数的平差值分别为：

$$\hat{L} = L + V \tag{2-3-34}$$

$$\hat{X} = X^{0} + \hat{x} \tag{2-3-35}$$

2. 附有限制条件的间接平差精度评定

(1)单位权方差的计算公式：

$$\hat{\sigma}_{0}^{2} = \frac{V^{T}PV}{r} \tag{2-3-36}$$

(2)附有限制条件的间接平差基本向量间的协因数阵，如表 2-3-4 所示。

(3)观测值平差值函数的精度评定。

设平差值函数的一般形式为：

$$\varphi = f(X_{1},\ X_{2},\ \cdots,\ X_{n}) \tag{2-3-37}$$

将非线性表达式线性化，得权函数式：

$$\mathrm{d}\varphi = f_{1}\mathrm{d}\hat{X}_{1} + f_{2}\mathrm{d}\hat{X}_{2} + \cdots + f_{t}\mathrm{d}\hat{X}_{u} \tag{2-3-38}$$

式中，$f_{i} = \left(\frac{\partial f}{\partial \hat{X}_{i}}\right)_{0}$(即用 $\hat{X}_{i}$ 的值代入各系数表达式后得到的常数项)。

按协因数传播律，则有：

$$Q_{\varphi\varphi} = f^{T}Q_{\hat{X}\hat{X}}f \tag{2-3-39}$$

式中，$f^{T} = [f_{1}\quad f_{2}\quad \cdots\quad f_{u}]$。将表 2-3-4 中的 $Q_{\hat{X}\hat{X}}$ 表达式代入式(2-3-39)，得平差值函数的协因数阵为：

$$Q_{\varphi\varphi} = f^{T}(N_{BB}^{-1} - N_{BB}^{-1}C^{T}N_{CC}^{-1}CN_{BB}^{-1})f \tag{2-3-40}$$

表 2-3-4　　附有限制条件的间接平差基本向量间的协因数阵

| 基本向量 | $L$ | $W$ | $K_{s}$ | $\hat{X}$ | $V$ | $\hat{L}$ |
|---|---|---|---|---|---|---|
| $L$ | $Q$ | $B$ | $BN_{BB}^{-1}C^{T}N_{CC}^{-1}$ | $BQ_{\hat{X}\hat{X}}$ | $-Q_{VV}$ | $Q-Q_{VV}$ |
| $W$ | $B^{T}$ | $N_{BB}$ | $C^{T}N_{CC}^{-1}$ | $N_{BB}Q_{\hat{X}\hat{X}}$ | $N_{2}B^{T}$ | $N_{BB}Q_{\hat{X}\hat{X}}B^{T}$ |
| $K_{s}$ | $N_{1}$ | $N_{CC}^{-1}C$ | $N_{CC}^{-1}$ | 0 | $-N_{1}$ | 0 |
| $\hat{X}$ | $Q_{\hat{X}\hat{X}}B^{T}$ | $Q_{\hat{X}\hat{X}}N_{BB}$ | 0 | $N_{3}$ | 0 | $Q_{\hat{X}\hat{X}}B^{T}$ |
| $V$ | $-Q_{VV}$ | $BN_{2}$ | $-N_{1}^{T}$ | 0 | $Q-BQ_{\hat{X}\hat{X}}B^{T}$ | 0 |
| $\hat{L}$ | $Q-Q_{VV}$ | $BQ_{\hat{X}\hat{X}}N_{BB}$ | 0 | $BQ_{\hat{X}\hat{X}}$ | 0 | $Q-Q_{VV}$ |

说明：$N_{BB} = B^{T}PB$，$N_{CC} = CN_{BB}^{-1}C^{T}$，$N_{1} = N_{CC}^{-1}CN_{BB}^{-1}B^{T}$，$N_{2} = Q_{\hat{X}\hat{X}}N_{BB} - E$，$N_{3} = N_{BB}^{-1} - N_{BB}^{-1}C^{T}N_{CC}^{-1}CN_{BB}^{-1}$。

# 2.4　自由网平差

## 2.4.1　前言

经典平差中，必须具有足够的起算数据。如水准网中，必须至少已知其中一点的高程；在测角网中，必须至少已知其中一点的坐标、一条边的坐标方位角及一条边的边长，等等。没有起算数据的平差方法，即自由网平差。

**例 2-4-1**　如图 2-4-1 所示的水准网中，$h_1$、$h_2$ 和 $h_3$ 为观测高差，设它们的权均为 1，若选定待定点 $A$、$B$ 和 $C$ 三点的高程为未知参数 $X_1$、$X_2$ 和 $X_3$，试列出误差方程的系数矩阵 $B$ 和法方程的系数矩阵 $N$，并分别计算它们的秩 $R(B)$ 和 $R(N)$。

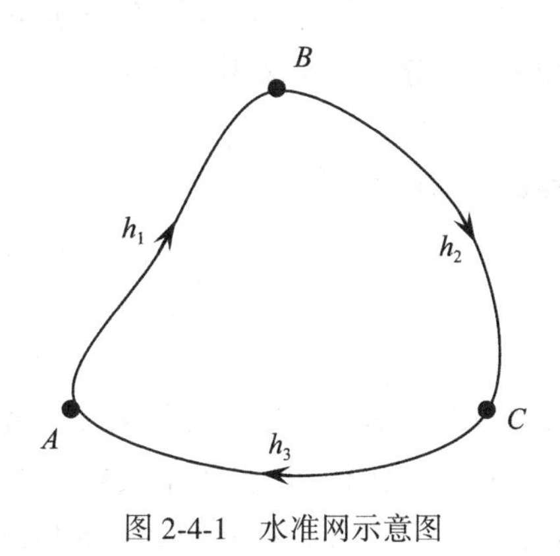


图 2-4-1　水准网示意图

**解**：设 $\hat{X}_i = X_i^0 + \hat{x}_i$ $(i = 1, 2, 3)$，对照图 2-4-1，可列出各观测值的误差方程：

$$\underset{31}{V} = \underset{33}{B}\,\underset{31}{\hat{x}} - \underset{31}{l}$$

即有：

$$V = \begin{bmatrix} -1 & 1 & 0 \\ 0 & -1 & 1 \\ 1 & 0 & -1 \end{bmatrix} \hat{x} - l$$

式中，$l = L - BX^0$，系数矩阵 $B$ 及法方程系数矩阵 $N$ 分别为：

$$B = \begin{bmatrix} -1 & 1 & 0 \\ 0 & -1 & 1 \\ 1 & 0 & -1 \end{bmatrix},\quad N = \begin{bmatrix} 2 & -1 & -1 \\ -1 & 2 & -1 \\ -1 & -1 & 2 \end{bmatrix}$$

很显然，上式中，$R(B) = R(N) = 2 < 3$，秩亏数 $d = u - t = 3 - 2 = 1$。

在秩亏自由网平差中，由于网中没有起算数据，误差方程的系数阵为列不满秩矩阵，法方程的系数阵为奇异方阵，它们的秩亏数 $d = u - t$，等于网中必要起算数据的个数。在这种情况下，法方程虽然是有解方程(相容方程)，但它有任意多组解，即解不唯一。换言之，仅仅根据最小二乘原理，无法求得未知参数的唯一解，这是自由网平差与经典平差的原则性区别之一。

为了求得未知参数的唯一解，除了遵循最小二乘准则外，还必须增加新的约束条件，才能得到唯一解。由于约束条件不同，秩亏自由网平差又分为：

1. 经典自由网平差

假设网中有 $d$ 个必要起算数据的条件下，求未知参数的最佳估值。该方法的平差结果(未知参数的解及其协因数阵)将随 $d$ 个必要起算数据的不同而不同，即随已知点位置的改变而变化。

2. 秩亏网平差

它是在最小二乘 $V^{\mathrm{T}}PV=\min$ 和最小范数 $\hat{x}^{\mathrm{T}}\hat{x}=\min$ 的条件下，求定参数的最佳估值。

3. 加权秩亏网平差

它是在最小二乘 $V^{\mathrm{T}}PV=\min$ 和加权最小范数 $\hat{x}^{\mathrm{T}}P_x\hat{x}=\min$ 的条件下，求定参数的最佳估值。式中，$P_x$ 表示未知参数稳定程度的先验权矩阵。

4. 拟稳平差

若将平差网中的未知参数分为两类，即

$$\underset{u1}{x}=\begin{bmatrix}\underset{(u-s)1}{x_{\mathrm{I}}}\\ \underset{s1}{x_{\mathrm{II}}}\end{bmatrix},\quad (s>d) \tag{2-4-1}$$

式中，$x_{\mathrm{I}}$ 是非拟稳点的未知参数，$x_{\mathrm{II}}$ 是拟稳点的未知参数。这样，拟稳平差是在 $V^{\mathrm{T}}PV=\min$ 和最小范数 $\hat{x}_{\mathrm{II}}^{\mathrm{T}}\hat{x}_{\mathrm{II}}=\min$ 的条件下，求未知参数的最佳估值。

显然，秩亏网平差与拟稳平差都是加权秩亏网平差的特例，其区别仅在于各自选择了不同的先验权阵 $P_x$。

自由网平差的方法很多，这里仅介绍直接解法和附加条件法。为表达清晰，用 $\hat{x}_p$ 及 $Q_{\hat{x}_p}$ 表示加权秩亏网平差的解及其协因数阵；用 $\hat{x}_f$ 及 $Q_{\hat{x}_f}$ 表示秩亏网平差的解及其协因数阵；用 $\hat{x}_q$ 及 $Q_{\hat{x}_q}$ 表示拟稳网平差的解及其协因数阵。

### 2.4.2　加权秩亏网平差

设有误差方程：

$$\underset{n1}{V}=\underset{nu}{B}\underset{u1}{\hat{x}}-\underset{n1}{l} \tag{2-4-2}$$

式中，$R(B)=t<u$，列秩亏数 $d=u-t$。在 $V^{\mathrm{T}}PV=\min$ 条件下，得法方程：

$$\underset{uu}{N}\underset{u1}{\hat{x}}=\underset{u1}{W} \tag{2-4-3}$$

式中，$N=B^{\mathrm{T}}PB$，$W=B^{\mathrm{T}}Pl$。由于 $R(N)=R(B)=t<u$，因此式(2-4-3)有无穷多组解。

加权秩亏网平差，要求法方程(2-4-3)在加权最小范数 $\hat{x}^{\mathrm{T}}P_x\hat{x}=\min$ 条件下，求未知参数的最佳估值 $\hat{x}_p$。式中 $P_x$ 为未知参数的先验权矩阵。

依据广义逆理论，相容法方程有唯一的加权最小范数解：

$$\hat{x}_p=N_p^m W \tag{2-4-4}$$

式中，$N_p^m$ 是矩阵的加权最小范数逆，具有如下性质：

$$NN_p^m N = N,\quad (N_p^m NQ_x)^{\mathrm{T}} = N_p^m NQ_x \tag{2-4-5}$$

式中，$Q_x = P_x^{-1}$。

1. 直接解法

根据广义逆理论，矩阵 $N$ 的加权最小范数逆的计算公式为：

$$N_p^m = Q_x N^{\mathrm{T}} (NQ_x N^{\mathrm{T}})^{-} \tag{2-4-6}$$

代入式(2-4-4)，即：

$$\hat{x}_p = Q_x N^{\mathrm{T}} (NQ_x N^{\mathrm{T}})^{-} W \tag{2-4-7}$$

令

$$N = \begin{bmatrix} \underset{tt}{N_{11}} & \underset{td}{N_{12}} \\ \underset{dt}{N_{21}} & \underset{dd}{N_{22}} \end{bmatrix} = \begin{bmatrix} \underset{tu}{N_1} \\ \underset{du}{N_2} \end{bmatrix},\quad W = \begin{bmatrix} \underset{t1}{W_1} \\ \underset{d1}{W_2} \end{bmatrix} \tag{2-4-8}$$

式中，$R(N_1) = t$，行满秩。于是

$$NQ_x N^{\mathrm{T}} = \begin{pmatrix} N_1 \\ N_2 \end{pmatrix} Q_x \begin{pmatrix} N_1^{\mathrm{T}} & N_2^{\mathrm{T}} \end{pmatrix} = \begin{bmatrix} N_1 Q_x N_1^{\mathrm{T}} & N_1 Q_x N_2^{\mathrm{T}} \\ N_2 Q_x N_1^{\mathrm{T}} & N_2 Q_x N_2^{\mathrm{T}} \end{bmatrix} \tag{2-4-9}$$

由于 $Q_x$ 正定，所以 $R(N_1 Q_x N_1^{\mathrm{T}}) = R(N_1) = t$，$N_1 Q_x N_1^{\mathrm{T}}$ 是满秩方阵，因此

$$(NQ_x N^{\mathrm{T}})^{-} = \begin{bmatrix} (N_1 Q_x N_1^{\mathrm{T}})^{-1} & 0 \\ 0 & 0 \end{bmatrix} = \begin{bmatrix} \tilde{Q}^{-1} & 0 \\ 0 & 0 \end{bmatrix} \tag{2-4-10}$$

式中，$\tilde{Q}_1 = (N_1 Q_x N_1^{\mathrm{T}})^{-1}$。将上述三式代入式(2-4-7)，则：

$$\hat{x}_p = Q_x \begin{bmatrix} N_1^{\mathrm{T}} & N_2^{\mathrm{T}} \end{bmatrix} \begin{bmatrix} \tilde{Q}_1 & 0 \\ 0 & 0 \end{bmatrix} \begin{bmatrix} W_1 \\ W_2 \end{bmatrix} = Q_x N_1^{\mathrm{T}} \tilde{Q}_1 W_1 \tag{2-4-11}$$

其协因数阵为：

$$Q_{\hat{x}_p} = Q_x N_1^{\mathrm{T}} \tilde{Q}_1 N_{11} \tilde{Q}_1 N_1 Q_x \tag{2-4-12}$$

**例 2-4-2** 如图 2-4-1 所示的水准网中，已知观测高差和待定点高程分别为：

$L = \begin{bmatrix} h_1 \\ h_2 \\ h_3 \end{bmatrix} = \begin{bmatrix} 12.345 \\ 3.478 \\ -15.817 \end{bmatrix}$ (m)，$X^0 = \begin{bmatrix} X_1^0 \\ X_2^0 \\ X_3^0 \end{bmatrix} = \begin{bmatrix} 10.000 \\ 22.345 \\ 25.823 \end{bmatrix}$ (m)，且观测值的权阵为单位阵，即 $P = E$，设待定点的先验权阵为

$$P_X = \begin{bmatrix} 1 & 0 & 0 \\ 0 & 2 & 0 \\ 0 & 0 & 4 \end{bmatrix}$$

试按直接法求待定点高程的平差值及其协因数阵。

**解**：根据图形及观测高差可列出误差方程：

$$V=\begin{bmatrix}-1&1&0\\0&-1&1\\1&0&-1\end{bmatrix}\begin{bmatrix}\hat{x}_1\\\hat{x}_2\\\hat{x}_3\end{bmatrix}-\begin{bmatrix}0\\0\\6\end{bmatrix}$$

则法方程：

$$\begin{bmatrix}2&-1&-1\\-1&2&-1\\-1&-1&2\end{bmatrix}\begin{bmatrix}\hat{x}_1\\\hat{x}_2\\\hat{x}_3\end{bmatrix}=\begin{bmatrix}6\\0\\-6\end{bmatrix}$$

显然，

$$N_{11}=\begin{bmatrix}2&-1\\-1&2\end{bmatrix},\quad N_1=\begin{bmatrix}2&-1&-1\\-1&2&-1\end{bmatrix},\quad W_1=\begin{bmatrix}6\\0\end{bmatrix},\quad Q_X=\begin{bmatrix}1&0&0\\0&0.5&0\\0&0&0.25\end{bmatrix}。$$

于是：

$$N_1Q_xN_1^{\mathrm{T}}=\begin{bmatrix}4.75&-2.75\\-2.75&3.25\end{bmatrix},\quad \tilde{Q}_1=(N_1Q_xN_1^{\mathrm{T}})^{-1}=\begin{bmatrix}0.4127&0.3492\\0.3492&0.6032\end{bmatrix}。$$

因此，

$$\hat{x}_p=Q_xN_1^{\mathrm{T}}\tilde{Q}_1W_1=\begin{bmatrix}2.86\\0.86\\-1.14\end{bmatrix}(\mathrm{mm}),\quad \hat{X}_p=X^0+\hat{x}_p=\begin{bmatrix}10.0029\\22.3459\\25.8219\end{bmatrix}(\mathrm{m}),$$

$$Q_{\hat{x}_p}=Q_xN_1^{\mathrm{T}}\tilde{Q}_1N_{11}\tilde{Q}_1N_1Q_x=\begin{bmatrix}0.3810&0&-0.0952\\0&0.2857&-0.1429\\-0.0952&-0.1429&0.0952\end{bmatrix}。$$

2. 附加条件法(假观测值法)

1)附加条件法原理

加权秩亏网平差就是求相容法方程：

$$\underset{uu}{N}\ \underset{u1}{\hat{x}}=\underset{u1}{W} \tag{2-4-13}$$

的加权最小范数解，其关键是求秩亏系数矩阵 $N$ 的加权最小范数逆 $N_p^m$。

等价于约束条件 $\hat{x}^{\mathrm{T}}P_x\hat{x}=\min$ 的限制条件方程为：

$$\underset{du}{G^{\mathrm{T}}}\ \underset{uu}{P_x}\ \underset{u1}{\hat{x}}=\min,\quad R(G)=d \tag{2-4-14}$$

式中，$BG=0$。

因此，加权秩亏网平差的函数模型为：

$$\begin{cases}V=B\hat{x}_p-l\\G^{\mathrm{T}}P_x\hat{x}_p=0\end{cases},\quad R(B)=t<u,\ R(G)=d \tag{2-4-15}$$

按附有条件的间接平差法，有法方程：

$$\begin{bmatrix}N&P_xG\\G^{\mathrm{T}}P_x&0\end{bmatrix}\begin{bmatrix}\hat{x}_p\\K\end{bmatrix}=\begin{bmatrix}W\\0\end{bmatrix} \tag{2-4-16}$$

式中，$N = B^{\mathrm{T}}PB$，$R(N) = R(B) = t < u$。

将式(2-4-16)中第二个方程左乘 $P_xG$ 后加到第一个方程上去，即得到变形后的法方程：

$$\begin{bmatrix} \tilde{N} & P_xG \\ G^{\mathrm{T}}P_x & 0 \end{bmatrix} \begin{bmatrix} \hat{x}_p \\ K \end{bmatrix} = \begin{bmatrix} W \\ 0 \end{bmatrix} \tag{2-4-17}$$

式中，$\underset{uu}{\tilde{N}} = N + P_xGG^{\mathrm{T}}P_x$，$R(\tilde{N}) = u$。

解上述法方程，得解向量的显表达式：

$$\begin{cases} K = [G^{\mathrm{T}}P_x\tilde{N}^{-1}P_xG]^{-1}G^{\mathrm{T}}P_x\tilde{N}^{-1}W \\ \hat{x}_p = \tilde{N}^{-1}(W - P_xGK) \end{cases} \tag{2-4-18}$$

由于上述解法是通过增设 $d$ 个未知参数间的附加条件实现的，因此，该方法又称附加条件法。与一般的附有限制条件的间接平差不同，其主要表现是，当 $G$ 满足条件

$$BG = 0 \tag{2-4-19}$$

时，联系数向量 $K$ 的解等于零。

具体证明如下：

因为 $\tilde{N} = N + P_xGG^{\mathrm{T}}P_x$，$R(\tilde{N}) = u$，于是

$$\tilde{N}^{-1}\tilde{N} = \tilde{N}^{-1}(N + P_xGG^{\mathrm{T}}P_x) = E \tag{2-4-20}$$

右乘 $G$，并展开：

$$\tilde{N}^{-1}NG + \tilde{N}^{-1}P_xGG^{\mathrm{T}}P_xG = G \tag{2-4-21}$$

由于 $NG = B^{\mathrm{T}}PBG = 0$，$G^{\mathrm{T}}P_xG$ 为 $d$ 阶满秩方阵，所以：

$$\tilde{N}^{-1}P_xG = G(G^{\mathrm{T}}P_xG)^{-1} \tag{2-4-22}$$

转置，即：

$$G^{\mathrm{T}}P_x\tilde{N}^{-1} = (G^{\mathrm{T}}P_xG)^{-1}G^{\mathrm{T}} \tag{2-4-23}$$

将上式代入式(2-4-18)中第一式，并顾及 $W = B^{\mathrm{T}}Pl$ 及 $BG = 0$，因此：

$$\begin{aligned} G^{\mathrm{T}}P_x\tilde{N}^{-1}W &= (G^{\mathrm{T}}P_xG)^{-1}G^{\mathrm{T}}B^{\mathrm{T}}PW \\ &= (G^{\mathrm{T}}P_xG)^{-1}(BG)^{\mathrm{T}}PW \\ &= 0 \end{aligned} \tag{2-4-24}$$

从而

$$K = 0 \tag{2-4-25}$$

代入式(2-4-18)中第二式，未知参数估值的最终表达式：

$$\hat{x}_p = \tilde{N}^{-1}W = \tilde{N}^{-1}B^{\mathrm{T}}Pl\ ,\ \hat{X}_p = X^0 + \hat{x}_p \tag{2-4-26}$$

按协因数传播律，有：

$$Q_{\hat{x}_p} = \tilde{N}^{-1}N\tilde{N}^{-1} \tag{2-4-27}$$

2）$G$ 阵的具体形式

满足 $G^{\mathrm{T}}P_x\hat{x}_p = 0$ 和 $R(G) = d$ 的一组基础解，是属于加权秩亏自由网平差的基准，其具体形式为：

水准网平差：秩亏水准网的 $d = 1$，$G$ 的表达形式可取为：

$$\underset{1u}{G^{\mathrm{T}}} = [1\quad 1\quad \cdots\quad 1] \tag{2-4-28}$$

测边网平差：秩亏测边网的 $d = 3$，$G$ 的表达形式可取为：

$$\underset{3u}{G^{\mathrm{T}}} = \begin{bmatrix} 1 & 0 & 1 & 0 & \cdots & 1 & 0 \\ 0 & 1 & 0 & 1 & \cdots & 0 & 1 \\ -Y_1^0 & X_1^0 & -Y_2^0 & X_2^0 & \cdots & -Y_m^0 & X_m^0 \end{bmatrix} \tag{2-4-29}$$

式中，$m$ 为网中全部点数，$u = 2m$。

测角网平差：秩亏测角网的 $d = 4$，$G$ 的表达形式可取为：

$$\underset{3u}{G^{\mathrm{T}}} = \begin{bmatrix} 1 & 0 & 1 & 0 & \cdots & 1 & 0 \\ 0 & 1 & 0 & 1 & \cdots & 0 & 1 \\ -Y_1^0 & X_1^0 & -Y_2^0 & X_2^0 & \cdots & -Y_m^0 & X_m^0 \\ X_1^0 & Y_1^0 & X_2^0 & Y_2^0 & \cdots & X_m^0 & Y_m^0 \end{bmatrix} \tag{2-4-30}$$

式中，$m$ 为网中全部点数，$u = 2m$。

按上述方法确定 $G$ 组成的基准条件，称为加权秩亏自由网平差的重心基准。

**例 2-4-3**　同例 2-4-2，试按附加条件法求 $\hat{X}_p$ 和 $Q_{\hat{x}_p}$。

**解**：由例 2-4-2，有法方程：

$$\begin{bmatrix} 2 & -1 & -1 \\ -1 & 2 & -1 \\ -1 & -1 & 2 \end{bmatrix}\begin{bmatrix} \hat{x}_1 \\ \hat{x}_2 \\ \hat{x}_3 \end{bmatrix} = \begin{bmatrix} 6 \\ 0 \\ -6 \end{bmatrix}$$

附加 $G$ 阵为：

$$\underset{13}{G^{\mathrm{T}}} = [1\quad 1\quad 1]$$

于是：

$$P_xGG^{\mathrm{T}}P_x = \begin{bmatrix} 1 & 2 & 4 \\ 2 & 4 & 8 \\ 4 & 8 & 16 \end{bmatrix},\quad \tilde{N} = N + P_xGG^{\mathrm{T}}P_x = \begin{bmatrix} 3 & 1 & 3 \\ 1 & 6 & 7 \\ 3 & 7 & 18 \end{bmatrix}$$

因此：

$$\tilde{N}^{-1} = \begin{bmatrix} 0.4014 & 0.0204 & -0.0748 \\ 0.0204 & 0.3067 & -0.1224 \\ -0.0748 & -0.1224 & 0.1156 \end{bmatrix}$$

按式(2-4-26)，有：

$$\hat{x}_p = \tilde{N}^{-1}W = \tilde{N}^{-1}B^{\mathrm{T}}Pl = [2.86 \quad 0.86 \quad -1.14]^{\mathrm{T}}(\mathrm{mm}),$$

$$\hat{X}_p = X^0 + \hat{x}_p = [10.0029 \quad 22.3459 \quad 25.8219]^{\mathrm{T}}(\mathrm{m})。$$

按式(2-4-27)，有：

$$Q_{\hat{x}_p} = \tilde{N}^{-1}N\tilde{N}^{-1} = \begin{bmatrix} 0.3810 & 0 & -0.0952 \\ 0 & 0.2857 & -0.1429 \\ -0.0952 & -0.1429 & 0.0952 \end{bmatrix}$$

与例 2-4-2 的计算结果完全一致。

### 2.4.3 秩亏网平差

秩亏网平差是在最小二乘 $V^{\mathrm{T}}PV = \min$ 和最小范数 $\hat{x}^{\mathrm{T}}\hat{x} = \min$ 的条件下，求定参数的最佳估值 $\hat{x}_f$。

1. 直接解法

在式(2-4-6)中，取 $Q_x = I$，则加权最小范数逆 $N_p^m$ 变为最小范数逆 $N_f^m$：

$$N_f^m = N^{\mathrm{T}}(NN^{\mathrm{T}})^{-} \tag{2-4-31}$$

同理，有：

$$\hat{x}_p = [N_1^{\mathrm{T}} \quad N_2^{\mathrm{T}}]\begin{bmatrix} \tilde{Q}_1 & 0 \\ 0 & 0 \end{bmatrix}\begin{bmatrix} W_1 \\ W_2 \end{bmatrix} = N_1^{\mathrm{T}}\tilde{Q}_1W_1 \tag{2-4-32}$$

其协因数阵为：

$$Q_{\hat{x}_p} = N_1^{\mathrm{T}}\tilde{Q}_1N_{11}\tilde{Q}_1N_1 \tag{2-4-33}$$

式中，$\tilde{Q}_1 = (N_1N_1^{\mathrm{T}})^{-1}$。

**例 2-4-4** 同例 2-4-2，试按直接法作秩亏网平差，并求 $\hat{X}_f$ 和 $Q_{\hat{x}_f}$。

**解**：由例 2-4-2，有：

$$N_{11} = \begin{bmatrix} 2 & -1 \\ -1 & 2 \end{bmatrix}, \quad N_1 = \begin{bmatrix} 2 & -1 & -1 \\ -1 & 2 & -1 \end{bmatrix}, \quad W_1 = \begin{bmatrix} 6 \\ 0 \end{bmatrix}。$$

于是：

$$N_1N_1^{\mathrm{T}} = \begin{bmatrix} 6 & -3 \\ -3 & 6 \end{bmatrix}, \quad \tilde{Q}_1 = (N_1N_1^{\mathrm{T}})^{-1} = \begin{bmatrix} 0.2222 & 0.1111 \\ 0.1111 & 0.2222 \end{bmatrix}。$$

因此，

$$\hat{x}_f = N_1^{\mathrm{T}}\tilde{Q}_1W_1 = \begin{bmatrix} 2 \\ 0 \\ -2 \end{bmatrix}(\mathrm{mm}), \quad \hat{X}_f = X^0 + \hat{x}_f = \begin{bmatrix} 10.002 \\ 22.345 \\ 25.821 \end{bmatrix}(\mathrm{m}),$$

$$Q_{\hat{x}_f} = N_1^{\mathrm{T}}\tilde{Q}_1N_{11}\tilde{Q}_1N_1 = \begin{bmatrix} 0.2222 & -0.1111 & -0.1111 \\ -0.1111 & 0.2222 & -0.1111 \\ -0.1111 & -0.1111 & 0.2222 \end{bmatrix}。$$

2. 附加条件法(假观测值法)

在式(2-4-15)中，取 $P_x = I$，即得秩亏网平差的函数模型：

$$\begin{cases} V = B\hat{x}_f - l \\ G^{\mathrm{T}}\hat{x}_f = 0 \end{cases}, \quad R(B) = t < u, R(G) = d \text{ 且 } BG = 0 \tag{2-4-34}$$

对照式(2-4-17)，此时法方程为：

$$\begin{bmatrix} \tilde{N} & G \\ G^{\mathrm{T}} & 0 \end{bmatrix} \begin{bmatrix} \hat{x}_f \\ K \end{bmatrix} = \begin{bmatrix} W \\ 0 \end{bmatrix} \tag{2-4-35}$$

式中，$\underset{uu}{\tilde{N}} = N + GG^{\mathrm{T}}$，$R(\tilde{N}) = u$。

同理，未知参数估值 $\hat{x}_f$ 的最终表达式：

$$\hat{x}_f = \tilde{N}^{-1}W = \tilde{N}^{-1}B^{\mathrm{T}}Pl, \quad \hat{X}_f = X^0 + \hat{x}_f \tag{2-4-36}$$

按协因数传播律，有：

$$Q_{\hat{x}_p} = \tilde{N}^{-1}N\tilde{N}^{-1} \tag{2-4-37}$$

**例 2-4-5** 同例 2-4-4，试按附加条件法求 $\hat{X}_f$ 和 $Q_{\hat{x}_f}$。

**解**：由例 2-4-2，法方程为：

$$\begin{bmatrix} 2 & -1 & -1 \\ -1 & 2 & -1 \\ -1 & -1 & 2 \end{bmatrix} \begin{bmatrix} \hat{x}_1 \\ \hat{x}_2 \\ \hat{x}_3 \end{bmatrix} = \begin{bmatrix} 6 \\ 0 \\ -6 \end{bmatrix}$$

附加 $G$ 阵为：

$$\underset{13}{G^{\mathrm{T}}} = [1 \quad 1 \quad 1]$$

于是：

$$GG^{\mathrm{T}} = \begin{bmatrix} 1 & 1 & 1 \\ 1 & 1 & 1 \\ 1 & 1 & 1 \end{bmatrix}, \quad \tilde{N} = N + GG^{\mathrm{T}} = \begin{bmatrix} 3 & 0 & 0 \\ 0 & 3 & 0 \\ 0 & 0 & 3 \end{bmatrix}$$

因此：

$$\tilde{N}^{-1} = \begin{bmatrix} 0.3333 & 0 & 0 \\ 0 & 0.3333 & 0 \\ 0 & 0 & 0.3333 \end{bmatrix}$$

按式(2-4-36)，有：

$$\hat{x}_f = \tilde{N}^{-1}W = \tilde{N}^{-1}B^{\mathrm{T}}Pl = [2 \quad 0 \quad -2]^{\mathrm{T}}(\mathrm{mm}),$$

$$\hat{X}_f = X^0 + \hat{x}_f = [10.002 \quad 22.345 \quad 25.821]^{\mathrm{T}}(\mathrm{m})。$$

按式(2-4-37)，有：

$$Q_{\hat{x}_f}=\tilde{N}^{-1}N\tilde{N}^{-1}=\begin{bmatrix}0.2222 & -0.1111 & -0.1111\\ -0.1111 & 0.2222 & -0.1111\\ -0.1111 & -0.1111 & 0.2222\end{bmatrix}$$

与例 2-4-4 计算结果完全一致。

### 2.4.4 拟稳平差

秩亏网平差是在最小二乘 $V^{\mathrm{T}}PV=\min$ 和最小范数 $\hat{x}_{\mathrm{II}}^{\mathrm{T}}\hat{x}_{\mathrm{II}}=\min$（局部解向量的范数最小）的条件下，求定未知参数的最佳估值 $\hat{x}_q$。这里仅介绍附加条件法，又称假观测值法。

在式(2-4-15)中，取 $P_x=\mathrm{diag}[0\quad I]$，并设

$$\underset{du}{G^{\mathrm{T}}}=\begin{bmatrix}\underset{dk}{G_1^{\mathrm{T}}} & \underset{ds}{G_2^{\mathrm{T}}}\end{bmatrix} \tag{2-4-38}$$

式中，$s$ 表示拟稳点数，$k=u-s$。

则：

$$G^{\mathrm{T}}P_x=\begin{bmatrix}G_1^{\mathrm{T}} & G_2^{\mathrm{T}}\end{bmatrix}\begin{bmatrix}0 & \\ & I\end{bmatrix}=\begin{bmatrix}0 & G_2^{\mathrm{T}}\end{bmatrix} \tag{2-4-39}$$

令 $G_s^{\mathrm{T}}=\begin{bmatrix}0 & G_2^{\mathrm{T}}\end{bmatrix}$，即拟稳平差的函数模型：

$$\begin{cases}V=B\hat{x}_q-l\\ G_s^{\mathrm{T}}\hat{x}_q=0\end{cases},\quad R(B)=t<u,\ R(G_s)=d \tag{2-4-40}$$

对照式(2-4-17)，此时法方程为：

$$\begin{bmatrix}\tilde{N} & G_s\\ G_s^{\mathrm{T}} & 0\end{bmatrix}\begin{bmatrix}\hat{x}_q\\ K\end{bmatrix}=\begin{bmatrix}W\\ 0\end{bmatrix} \tag{2-4-41}$$

式中，$\underset{uu}{\tilde{N}}=N+G_sG_s^{\mathrm{T}}$，$R(\tilde{N})=u$。

同理，未知参数估值 $\hat{x}_q$ 的最终表达式：

$$\hat{x}_q=\tilde{N}^{-1}W=\tilde{N}^{-1}B^{\mathrm{T}}Pl,\quad \hat{X}_q=X^0+\hat{x}_q \tag{2-4-42}$$

按协因数传播律，有：

$$Q_{\hat{x}_p}=\tilde{N}^{-1}N\tilde{N}^{-1} \tag{2-4-43}$$

**例 2-4-6** 在例 2-4-2 的水准网中，若设 $A$、$B$ 两点为拟稳点，试按附加条件法求 $\hat{X}_q$ 和 $Q_{\hat{x}_q}$。

**解**：由例 2-4-2，法方程为：

$$\begin{bmatrix}2 & -1 & -1\\ -1 & 2 & -1\\ -1 & -1 & 2\end{bmatrix}\begin{bmatrix}\hat{x}_1\\ \hat{x}_2\\ \hat{x}_3\end{bmatrix}=\begin{bmatrix}6\\ 0\\ -6\end{bmatrix}$$

依题意，$A$、$B$ 两点为拟稳点，附加 $G$ 阵为：

$$\underset{13}{G^{\mathrm{T}}} = [1 \quad 1 \quad 1]$$

于是：

$$G_s G_s^{\mathrm{T}} = \begin{bmatrix} 1 & 1 & 0 \\ 1 & 1 & 0 \\ 0 & 0 & 0 \end{bmatrix}, \quad \tilde{N} = N + G_s G_s^{\mathrm{T}} = \begin{bmatrix} 3 & 0 & -1 \\ 0 & 3 & -1 \\ -1 & -1 & 2 \end{bmatrix}$$

因此：

$$\tilde{N}^{-1} = \begin{bmatrix} 0.4167 & 0.0833 & 0.2500 \\ 0.0833 & 0.4167 & 0.2500 \\ 0.2500 & 0.2500 & 0.7500 \end{bmatrix}$$

按式(2-4-42)，有：

$$\hat{x}_q = \tilde{N}^{-1} W = \tilde{N}^{-1} B^{\mathrm{T}} P l = [1 \quad -1 \quad -3]^{\mathrm{T}} (\mathrm{mm}),$$

$$\hat{X}_q = X^0 + \hat{x}_q = [10.001 \quad 22.344 \quad 25.820]^{\mathrm{T}} (\mathrm{m})。$$

按式(2-4-43)，有：

$$Q_{\hat{x}_f} = \tilde{N}^{-1} N \tilde{N}^{-1} = \begin{bmatrix} 0.1667 & -0.1667 & -0.0000 \\ -0.1667 & 0.1667 & -0.0000 \\ -0.0000 & -0.0000 & 0.5000 \end{bmatrix}$$

**例 2-4-7**　如图 2-4-2 所示的水准网中，设 $C$、$D$ 两点为拟稳点，观测高差(单位：m)分别为 0.023，1.114，1.142，0.079，0.099，1.210，各点高程近似值(单位：m)分别为 100.078，100.099，100.000，101.216，各观测高差的权阵为对角阵 $P = \mathrm{diag}[2 \quad 2 \quad 2 \quad 1 \quad 1 \quad 1]$。试按附加条件法求 $\hat{X}_q$ 和 $Q_{\hat{x}_q}$。

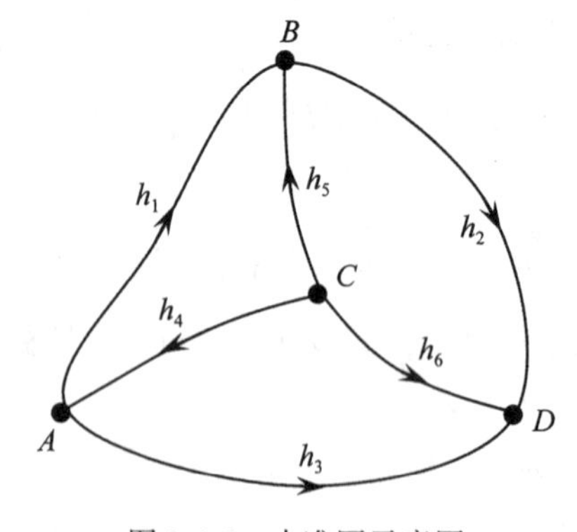


图 2-4-2　水准网示意图

**解**：由图 2-4-2，代入观测值与高程近似值，则误差方程为：

$$V = \begin{bmatrix} -1 & 1 & 0 & 0 \\ 0 & -1 & 0 & 1 \\ -1 & 0 & 0 & 1 \\ 1 & 0 & -1 & 0 \\ 0 & 1 & -1 & 0 \\ 0 & 0 & -1 & 1 \end{bmatrix} \hat{x} - \begin{bmatrix} 2 \\ -3 \\ 4 \\ 1 \\ 0 \\ -6 \end{bmatrix}$$

式中，$l = L - BX^0$，系数矩阵 $B$、法方程系数矩阵 $N$ 及常数阵 $W$ 分别为：

$$B = \begin{bmatrix} -1 & 1 & 0 & 0 \\ 0 & -1 & 0 & 1 \\ -1 & 0 & 0 & 1 \\ 1 & 0 & -1 & 0 \\ 0 & 1 & -1 & 0 \\ 0 & 0 & -1 & 1 \end{bmatrix}, \quad N = \begin{bmatrix} 5 & -2 & -1 & -2 \\ -2 & 5 & -1 & -2 \\ -1 & -1 & 3 & -1 \\ -2 & -2 & -1 & 5 \end{bmatrix}, \quad W = \begin{bmatrix} -11 \\ 10 \\ 5 \\ -4 \end{bmatrix}$$

依题意，$C$、$D$ 两点为拟稳点，$G$ 及 $P_x$ 阵为：

$$\underset{14}{G^{\mathrm{T}}} = [1 \quad 1 \quad 1 \quad 1], \quad P_x = \mathrm{diag}[0 \quad 0 \quad 1 \quad 1]$$

于是：

$$G_s G_s^{\mathrm{T}} = \begin{bmatrix} 0 & 0 & 0 & 0 \\ 0 & 0 & 0 & 0 \\ 0 & 0 & 1 & 1 \\ 0 & 0 & 1 & 1 \end{bmatrix}, \quad \widetilde{N} = N + G_s G_s^{\mathrm{T}} = \begin{bmatrix} 5 & -2 & -1 & -2 \\ -2 & 5 & -1 & -2 \\ -1 & -1 & 4 & 0 \\ -2 & -2 & 0 & 6 \end{bmatrix}$$

因此：

$$\widetilde{N}^{-1} = \begin{bmatrix} 0.5000 & 0.3571 & 0.2143 & 0.2857 \\ 0.3571 & 0.5000 & 0.2143 & 0.2857 \\ 0.2143 & 0.2143 & 0.3571 & 0.1429 \\ 0.2857 & 0.2857 & 0.1429 & 0.3571 \end{bmatrix}$$

按式(2-4-42)，有：

$$\hat{x}_q = \widetilde{N}^{-1} W = \widetilde{N}^{-1} B^{\mathrm{T}} P l = [-2 \quad 1 \quad 1 \quad -1]^{\mathrm{T}} (\mathrm{mm}),$$

$$\hat{X}_q = X^0 + \hat{x}_q = [100.076 \quad 100.100 \quad 100.001 \quad 101.215]^{\mathrm{T}} (\mathrm{m})。$$

按式(2-4-43)，有：

$$Q_{\hat{x}_f} = \widetilde{N}^{-1} N \widetilde{N}^{-1} = \begin{bmatrix} 0.2500 & 0.1071 & -0.0357 & 0.0357 \\ 0.1071 & 0.2500 & -0.0357 & 0.0357 \\ -0.0357 & -0.0357 & 0.1071 & -0.1071 \\ 0.0357 & 0.0357 & -0.1071 & 0.1071 \end{bmatrix}$$

## ◎ 思考题

1. 简述衡量精度的指标及误差传播律。

2. 简述测量平差的内容和基本原理。
3. 简述加权秩亏网平差的基本原理。
4. 简述拟稳平差和秩亏网平差的基本原理。
5. 查阅资料，结合工程实际，论述如何选择不同的平差模型。

# 第 3 章　核电厂施工控制测量

在一定作业范围内，按工程任务的要求，精确测定一系列地面标志点的平面位置和高程，建立工程控制网，为测图或施工放样提供准确的位置基准，这种测量工作称为控制测量。测定控制点平面位置的工作叫作平面控制测量，测定控制点高程的工作，叫作高程控制测量，因此，控制测量是由平面控制测量和高程控制测量组成的。本章主要介绍控制测量的有关内容，并结合核电工程测量典型案例，详细介绍核电厂施工过程中不同建设阶段控制测量的内容、要求及实施过程。

## 3.1　概述

### 3.1.1　前言

受观测条件的限制，测量工作过程中难免会产生误差。为保证工程建设质量，防止测量误差积累，施工测量必须遵循一定的程序和方法，按照“先整体后局部，先控制后放样”的原则，首先建立施工控制网，以此为基准，再进行相应的建筑或设备放样，使测量工作质量满足工程设计技术要求。

控制网按作用范围的大小及使用要求的不同，分为国家基本控制网和工程控制网两大类。

国家基本控制网的主要作用是提供全国范围内的统一坐标框架。其特点是控制面积大，控制点之间距离长，点位的选择主要考虑布网是否有利，不侧重具体工程利用时是否有利。如《全球定位系统(GPS)测量规范》规定，GPS 测量控制网按精度划分为 A、B、C、D 和 E 五级，主要技术要求如表 3-1-1 所示。

表 3-1-1　**GPS 测量控制网主要技术要求**

| 级别 | 固定误差 $a$/mm | 比例误差 $b/\times10^{-6}$ | 相邻点最小距离/km | 相邻点最大距离/km | 相邻点平均距离/km |
|---|---|---|---|---|---|
| A | ≤5 | ≤0.1 | 100 | 2000 | 300 |
| B | ≤8 | ≤1 | 15 | 250 | 70 |

续表

| 级 别 | 固定误差 $a$/mm | 比例误差 $b/\times10^{-6}$ | 相邻点最小距离/km | 相邻点最大距离/km | 相邻点平均距离/km |
|---|---|---|---|---|---|
| C | ≤10 | ≤5 | 5 | 40 | 10~15 |
| D | ≤10 | ≤10 | 2 | 15 | 5~10 |
| F | ≤10 | ≤20 | 1 | 10 | 2~5 |

工程控制网是为各种工程建设服务的专用控制网，相对国家控制网，控制面积小，要求有足够的精度和密度。以工程 GNSS 网为例，它的主要技术要求见表 3-1-2，其中相邻点最小距离应为平均距离的 1/2~1/3，最大距离应为平均距离的 2~3 倍。工程控制网分为测图控制网、施工控制网和变形监测控制网。

表 3-1-2　　**工程 GNSS 网主要技术要求**

| 等级 | 平均距离/km | 固定误差 $a$/mm | 比例误差 $b/\times10^{-6}$ | 最弱边相对中误差 |
|---|---|---|---|---|
| 二等 | 9 | ≤10 | ≤2 | 1/120000 |
| 三等 | 5 | ≤10 | ≤5 | 1/80000 |
| 四等 | 2 | ≤10 | ≤10 | 1/45000 |
| 一级 | 1 | ≤10 | ≤10 | 1/20000 |
| 二级 | <1 | ≤15 | ≤20 | 1/10000 |

注：当边长小于 200m 时，边长中误差应小于 20mm。

工程勘测设计阶段需要不同比例尺的地形图，测图控制网用于建立满足地形图测绘要求的控制基准。测图控制点位置的选择是根据地形条件确定的，并不考虑工程建筑物的总体布置，因此在点位分布和密度上，一般不能满足后续工程建设中施工放样工作的需要。

施工控制网是为工程建筑物的施工放样提供位置基准的，其点位、密度以及精度取决于建筑物或构筑物的性质。施工控制网的精度一般要高于测图控制网，它具有控制范围小、控制点的密度大、精度要求高、受施工干扰大等特点。施工控制网与国家或城市控制网相比，其最大的不同是，在精度上不一定遵循“由高级到低级”的原则。例如，在核电厂施工控制网体系中，次级网和微网的起算基准来源于首级控制网，用于满足核电厂主要厂房及其内部结构和重要设备等施工放样要求，但它们的精度要求均比首级网高。

变形监测控制网是在施工及运营期间为监测建筑工程或重要基础设施的变形而建立

的控制网。

### 3.1.2 确定控制网精度的一般原则

工程建筑物放样是工程测量内容的重要组成部分，其目的是把图纸上设计好的各种工程建筑物、构筑物，按照设计的要求测设到相应的地面上，并设置相应标记，作为施工的依据，以衔接和指挥各工序的施工，保证建筑工程符合设计要求。

在工程建设过程中，测量工作贯穿工程建设的各个阶段，是保障工程建设质量的重要环节。在工程勘察与设计阶段，为了了解建筑区域的地形情况，需要建立测图控制网，测绘地形图；施工准备阶段，场地平整后，需要建立施工控制网，为后续施工提供定位基准；施工阶段，为满足施工要求，需进行建筑基础、内部结构等的放样。此外，为了了解基础及建筑沉降情况，施工过程中还要进行沉降观测；工程竣工后，为方便工程管理和维修等工作，应做竣工测量；运营维护期间，为确保建筑安全，也要进行变形监测工作。

建筑场区在勘察设计阶段建立的测图控制网，在点位布置和精度方面，主要考虑满足测绘地形图的需要，一般不会顾及建筑物的分布及施工放样对点位精度的要求。而且，在施工期间，测图时的控制点大部分可能因场地平整等因素遭到破坏，即使部分保留下来，也无法完全满足施工测量的要求，因此，施工前需要在原有测图控制网的基础上建立施工控制网，为工程建筑物的放样提供合理的测量控制基准。

在施工阶段，测量工作直接为施工服务，测量工作的精度主要体现在相邻点位的相对位置上。对于不同建筑或同一建筑中不同部分，精度要求可能并不一致，甚至会相差悬殊，因此，施工控制网精度的确定，应从各种建筑物或建筑物组成部分放样精度要求方面综合考虑。

建筑物放样的精度要求，是根据建筑物竣工时(相对设计尺寸)的允许偏差(即建筑限差)来确定的。建筑物竣工时的实际误差是由施工误差(包括构件制作误差、施工安装误差等)和放样误差组成的，测量误差只是其中的一部分。要根据验收限差正确制定建筑物放样的精度要求，除了需要具备一定的测绘知识外，还必须具备一定的工程基础知识。

不同建筑物或同一建筑物中不同的部分，对放样的精度要求大多是不一样的。确定控制网精度时，要考虑放样点是不是直接从控制点放样。如反应堆压力容器平面位置允许偏差为±0.5mm，它们是对螺栓中心线间的相对位置要求，并不是根据控制点直接放样的，因而在考虑控制网精度时，可以不必考虑类似的特定情形。

明确建筑物放样的精度要求后，即可确定施工控制网的必要精度。首先根据建设场地和工程建筑及结构设计情况，进行控制网图形设计；在此基础上，考虑放样工作时的条件，依据控制网误差与放样过程中产生的误差的比例关系，最终确定施工控制网的精度。

对一般工程混凝土柱、梁、墙的施工允许总误差为10~30mm；高层建筑物轴线的倾斜度要求高于1/2000~1/1000；钢结构施工的总误差随结构性质和施工方法不同，允许误差为1~5mm；土石方工程施工误差为100mm左右；有特殊要求的工程项目，设计图纸上会有明确的限差规定。

大部分工程，当设计文件中没有明确的精度指标时，通常依据工程竣工验收标准，先在施工、测量和加工制造等多个环节之间进行误差分配，然后确定测量工作精度要求，在此基础上，进一步确定控制点的精度。施工、测量和加工制造等环节的误差分配通常按等影响原则进行；根据允许的总测量误差限差，合理分配控制基准误差与放样误差的允许范围，通常按可忽略原则进行。

1. 等影响原则

若设计允许的总误差(极限误差)为$\Delta_{限}$，取2倍中误差为极限误差，即$\Delta_{限}=2m$，另设测量中误差为$m_1$，施工中误差为$m_2$，加工制造中误差为$m_3$(如果还有其他较重要的误差因素，则继续增加相应项)。假定上述各误差项相互独立，则：

$$m^2=m_1^2+m_2^2+m_3^2 \tag{3-1-1}$$

式中，$m$是已知量，$m_1$、$m_2$、$m_3$是待定量。

“等影响原则”是假定各误差因素的影响相同，各因素中误差相等，即$m_1=m_2=m_3$，于是：

$$m_1=m_2=m_3=\frac{m}{\sqrt{3}} \tag{3-1-2}$$

“等影响原则”视各因素中误差大小相同。这种等量分配原则，在实际工作中有时显得不太合理，因此，常需结合作业条件等具体情况，就分配结果与施工或构件制作技术人员会商，合理分配误差。取会商后确定的$m_1$作为测量工作的最大允许偏差，亦即测量工作的极限误差。

2. 可忽略原则

设计施工控制测量方案，特别是确定控制网精度指标时，应考虑下列因素：

(1)放样工作受施工影响大，提高放样精度不易。施工时交叉作业多，放样工作通常会受到干扰；此外，为提高放样效率，保障施工进度，放样时不太可能用增加测量次数或多余观测数的方法来提高精度。

(2)相比放样精度，提高施工控制网精度更容易。建立施工控制网时，一般有足够的时间和条件来保证控制网的精度。因此设计施工控制网时，应尽量使放样成果中控制网点误差的影响，相对放样误差，小到可以忽略不计的程度，从而为后续的放样工作创造更有利的条件。

(3)放样精度通常与放样点离测站的距离有关。通常情况下，采用全站仪极坐标法放样时，放样点距离测站越远，放样效率越低，放样误差也越大。

设$M$为放样后的成果总误差，$m_1$为控制点引起的误差，$m_2$为放样引起的误差，则：

$$M = \sqrt{m_1^2 + m_2^2} \tag{3-1-3}$$

设 $m_1 = \frac{m_2}{k}$，显然 $k > 1$，则有：

$$M = m_2 \sqrt{1 + \frac{1}{k^2}} \tag{3-1-4}$$

将式(3-1-4)按级数展开，舍去高次项，仅取该收敛级数的前两项，即有：

$$M = m_2 \sqrt{1 + \frac{1}{k^2}} \approx m_2 \left(1 + \frac{1}{2k^2}\right) \tag{3-1-5}$$

若令 $\frac{M - m_2}{M} \leqslant 5\%$，可认为 $M \approx m_2$，则由控制点引起的误差 $m_1$ 可以忽略不计，于是：

$$\frac{M - m_2}{M} = \frac{\frac{1}{2k^2}}{1 + \frac{1}{2k^2}} \leqslant 5\% \tag{3-1-6}$$

解得 $k \geqslant \sqrt{9.5} \approx 3$。

因此，在实际工作中，通常以

$$m_1 = \frac{1}{3} m_2 = \frac{1}{3} M \tag{3-1-7}$$

作为控制网的点位精度设计准则。

**例 3-1-1**　如图 3-1-1 所示，$A$、$B$ 是已知点，用极坐标法放样待定点 $P$，已知 $S_{AP} = 100\text{m}$，要求 $P$ 点点位误差 $\Delta_{限} \leqslant \pm 20\text{mm}$，取 2 倍中误差为极限误差。

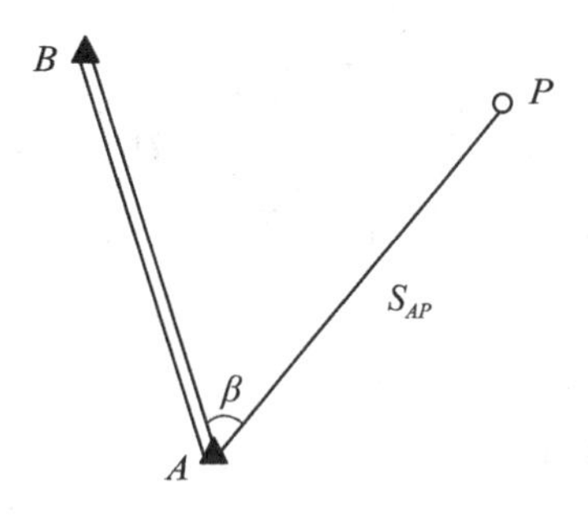


图 3-1-1　极坐标放样

(1)要求控制点误差对放样成果精度的影响可忽略不计，求最弱控制点的精度。

(2)不考虑对中误差、照准误差等因素的影响，仅考虑测角和测距误差对点位精度的影响，求角度与距离测量的精度要求。

**解：**

(1)根据点位偏差(极限误差)确定点位中误差：

由 $\Delta_{限} \leqslant \pm 20\text{mm}$，则 $M = \pm 10\text{mm}$。

按可忽略原则，由式(3-1-7)，则最弱控制点的中误差：

$$m_1 = \frac{1}{3}M = 3.3\text{mm}$$

(2)点位方差与点位纵向和横向方差的关系式：

$$M^2 = m_t^2 + m_s^2$$

式中，纵向中误差 $m_t = \dfrac{m_\beta}{\rho} \times S$。

根据等影响原则，则有：

$$m_t^2 = \left(\frac{\sigma_\beta}{\rho}\right)^2 \times 100000^2 = 50, \quad m_s^2 = 50$$

分别计算出测角和测距精度要求：

测角中误差：14.6″；测距中误差：7.1mm。

## 3.2 施工控制测量

根据核电厂施工阶段不同、控制范围大小和所起的作用不一样，核电施工控制网分初级网、次级网和微网三种。施工测量的平面坐标采用独立的施工坐标系，并与规划设计阶段采用的坐标系统有确定的换算关系，施工高程系统与规划设计阶段的高程系统一致。各级施工控制网均可用同级网加密、扩展，其主要技术要求、施测方法应与同级控制网相同，观测数据宜与同级网点统一平差。

### 3.2.1 初级网测量

初级网是在核电厂规划设计阶段，以国家或地方等级控制点为基础，为满足工程设计、土建施工、核电厂附属工程的定位和放线、次级网的建立等，在整个核电厂区域内布设的一组有特定精度要求的控制网，包括平面控制网和高程控制网。

1. 平面控制网

1)初级平面控制网的作用

(1)用于核电厂的前期建设；

(2)用于所有的勘测工作；

(3)用于与核电厂建设有关的土石方工程；

(4)用于主厂区以外其他独立子项工程的定位、放样和检查；

(5)用于次级网的建立。

2)平面控制网的形式、精度要求

初级平面控制网是根据收集的测区平面起算点和地形图等资料，在充分利用符合要求的原有控制点，并结合现场踏勘情况进行综合分析的基础上，所布设的 GPS 网或三角网。初级平面控制网要求最弱点坐标中误差≤20mm，控制点标志规格如图 3-2-1 所示，埋设形式根据地质条件，参照图 3-2-2 执行。

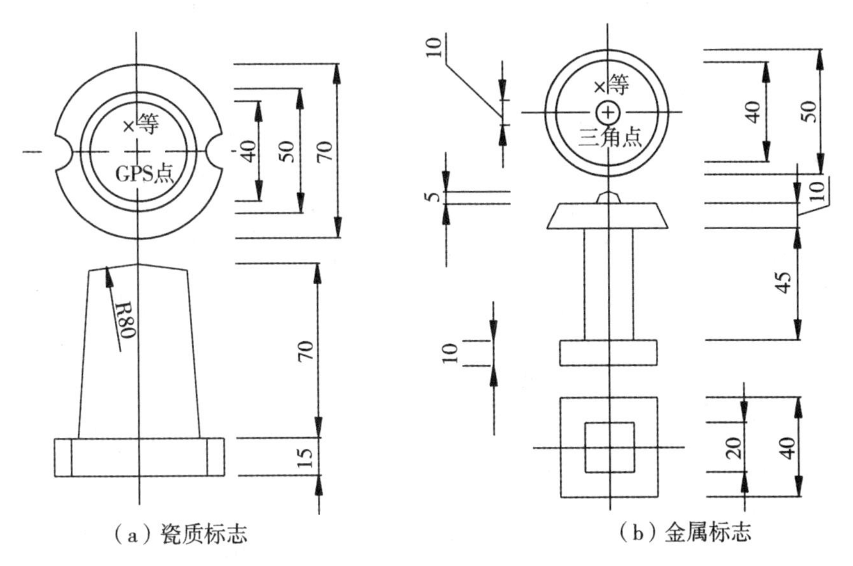


图 3-2-1　平面控制点标志(单位：mm)

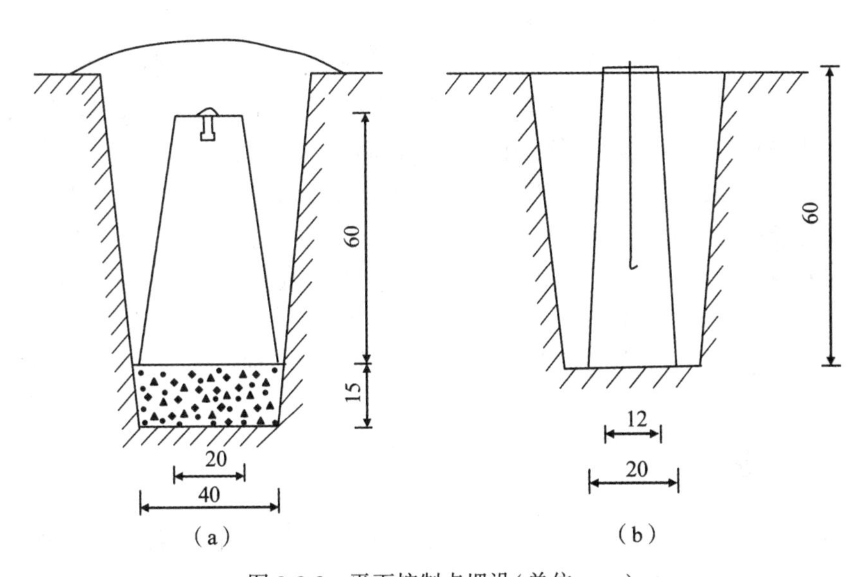


图 3-2-2　平面控制点埋设(单位：cm)

3)主要技术要求

初级网布设成三角网时，初级网的点位应选在通视良好、土质坚实、便于施测、有利于长期保存的地点。主要技术要求应符合表 3-2-1 的规定。

表 3-2-1　　　　　　　　　　**初级三角网技术要求**

| 等级 | 平均边长/km | 测角中误差/(″) | 测边中误差 | 最弱边相对中误差 | 水平角观测测回数 | | 三角形内角和闭合差/(″) |
|---|---|---|---|---|---|---|---|
| | | | | | $DJ_1$ | $DJ_2$ | |
| 初级网 | 1.0 | 2.5 | $\leqslant\frac{1}{100000}$ | $\leqslant\frac{1}{40000}$ | 4 | 6 | 9 |

初级网布设成GPS网时，点位应选在土质坚实、稳固可靠的地方，并应有利于加密和扩展，每个控制点应至少有一个通视方向；点位视野开阔，高度角在15°以上的范围内无障碍物；点位附近不应有强烈干扰接收卫星信号的干扰源或强烈反射卫星信号的物体，主要技术要求应符合表3-2-2的规定。

表 3-2-2　　　　　　　　　　**初级 GPS 网技术要求**

| 等级 | 平均边长/km | 固定误差/mm | 比例误差系数/(mm/km) | 约束点间的边长相对中误差 | 约束平差后最弱边相对中误差 |
|---|---|---|---|---|---|
| 初级网 | 1.0 | ≤5 | ≤2 | $\leqslant\frac{1}{100000}$ | $\leqslant\frac{1}{40000}$ |

2. 高程控制网

初级高程控制网是根据测区高程起算点、地形图等资料以及现场踏勘情况，按水准网要求布设的。初级高程控制网一般布设成闭合环线、附合路线或节点网的形式。

要求初级高程控制网最弱点高程中误差≤10mm；初级高程控制网测量的等级应根据最弱点高程中误差的精度要求以及水准路线的长度合理选择，但不应低于四等水准。

初级高程控制网水准点宜选在土质坚实、稳固可靠的地方或稳定的建筑物上，以便于寻找、保存和引测，水准点间距宜小于1km，距离其他建筑物或构筑物不宜小于25m，距离回填土边缘不宜小于15m。

水准点标志通常有金属标志和墙上标志两种形式，分别如图3-2-3(a)、(b)所示，标石埋设根据地质条件参照图3-2-2执行。

### 3.2.2　次级网测量

次级网是指由一组布设在拟建核岛、常规岛等主要厂房周围的若干个强制对中观测墩组成的平面和高程控制网。次级网应根据核电厂总平面布置图和施工总布置图，结合施工场区内、外的地形条件布设，并满足厂区主要建筑施工放样的需要。次级网的平面坐标和高程均以施工坐标系为依据，并通过换算公式与初级控制网的国家或地区坐标系相联系。

1. 次级平面控制网

1)次级网形式、组成及布设要求

次级网通常布设成三角形网或GPS网等形式，网形设计应充分考虑精度、可靠性

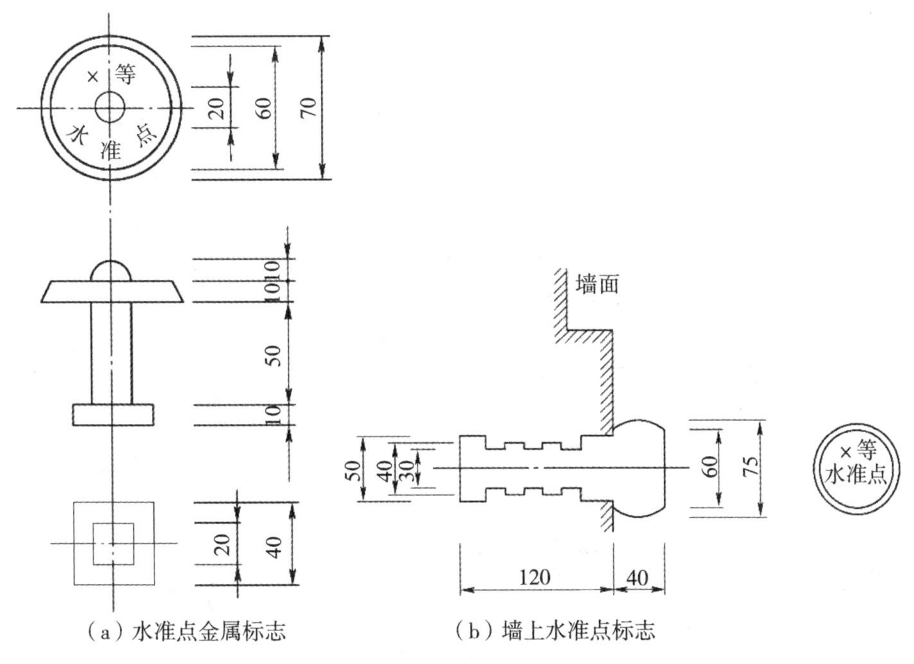

（a）水准点金属标志　　（b）墙上水准点标志

图 3-2-3　水准点标志(单位：mm)

和灵敏度等指标。次级网点由一组基准点和其他工作基点组成。

基准点是次级网复测检查时的起算点，其数量不应少于 3 个，点位应选在主要厂区周边、变形影响区域之外、稳固可靠的位置。工作基点一般由 6～8 个点组成，要求布设在核岛和常规岛等主要厂房周围、相对稳定且方便使用的位置。

基准点和工作基点的布设应整体设计，一次布网。次级网标志均采用如图 3-2-4 所示的有强制对中装置的钢筋混凝土观测墩，其基础宜在基岩上，新建的观测墩应在标志稳定后开始观测。

2)平面控制网主要技术要求

次级平面控制网主要技术要求如表 3-2-3。

表 3-2-3　**次级平面控制网主要技术要求**

| 等级 | 点位坐标及相邻点相对坐标中误差/mm | 平均边长/m | 测角中误差/(″) | 测边相对中误差 | 水平角观测测回数 | | 三角形内角和闭合差/(″) |
|---|---|---|---|---|---|---|---|
| | | | | | $DJ_{05}$ | $DJ_1$ | |
| 次级网 | 2.0 | 200 | 1.8 | $\leqslant\frac{1}{150000}$ | 4 | 6 | 7.0 |

注：1. 次级网点平面坐标中误差是以初级网为起算基准的；

2. GPS 次级网测量不受测角中误差和水平角观测测回数等指标的限制；

3. 实际平均边长与表中规定数值相差较大时，宜重新进行验算。

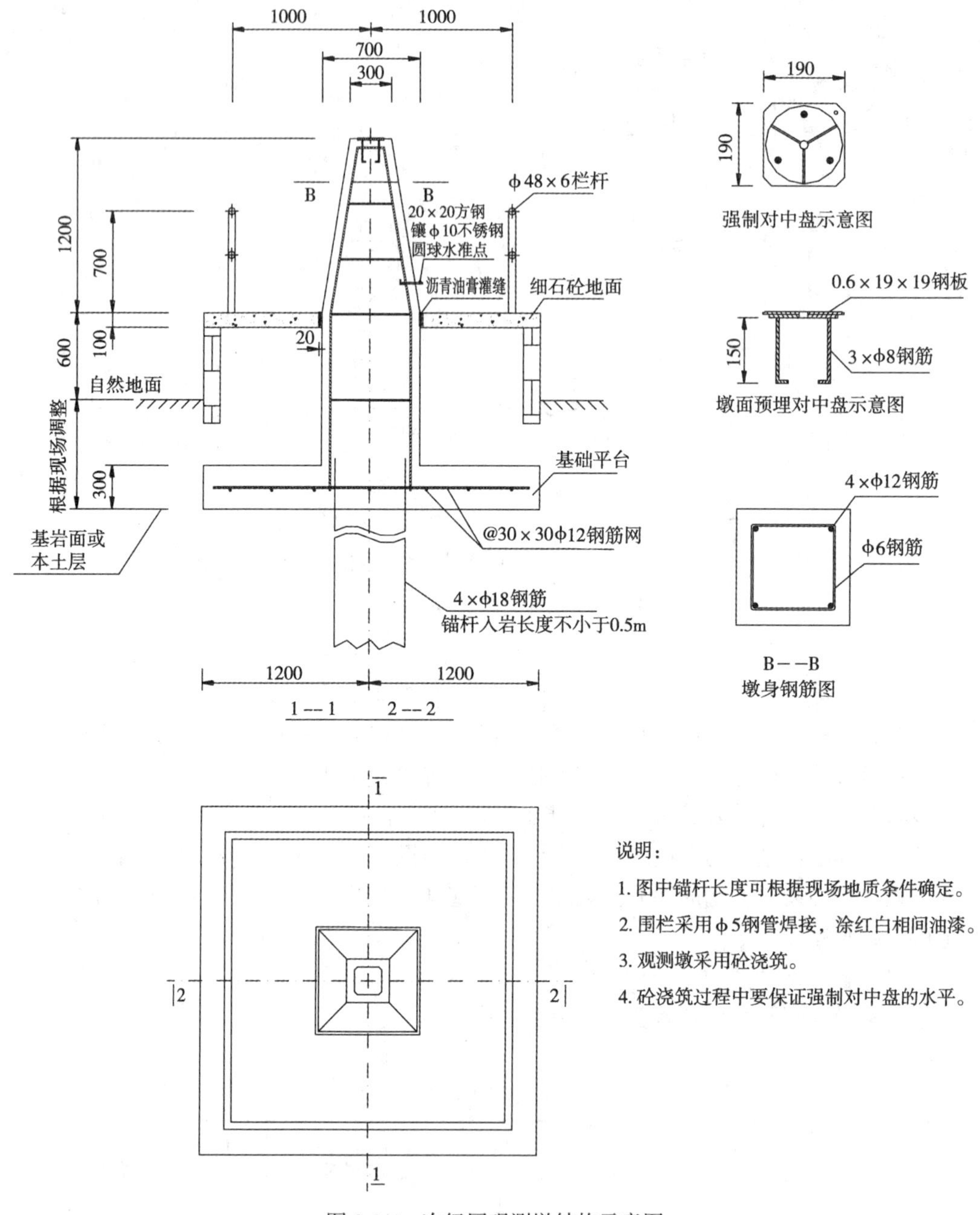


图 3-2-4　次级网观测墩结构示意图

3) 平面网采用三角网的技术要求

(1) 水平角观测采用全站仪全圆方向观测法。每半测回各方向宜两次照准读数，各方向值取多测回平均值，观测技术要求应符合表 3-2-4 的规定。

表 3-2-4　　水平角观测技术要求

| 等级 | 仪器精度 | 两次照准目标读数差/(″) | 半测回归零差(″) | 一测回 2C 互差/(″) | 同一方向各测回较差/(″) |
|---|---|---|---|---|---|
| 次级网 | $DJ_{05}$ | 1.5 | 4 | 8 | 4 |
| | $DJ_1$ | 4 | 6 | 9 | 6 |

注：当观测方向的垂直角超过±3°时，该方向 2C 互差可按同方向相邻测回进行比较，其值应符合表中一测回 2C 互差的限差。

(2)边长观测采用电磁波测距方法，应符合表 3-2-5 的要求。

表 3-2-5　　电磁波测距技术要求

| 等级 | 仪器精度 | 测回数 | | 一测回读数较差/mm | 单程测回间较差/mm | 气象观测 | | 往返或不同时段较差/mm |
|---|---|---|---|---|---|---|---|---|
| | | 往 | 返 | | | 温度/℃ | 气压/Pa | |
| 次级网 | I | 3 | 3 | 1.5 | 2 | 0.2 | 50 | $2(a+b\times D\times 10^{-6})$ |

注：1. 测回指照准目标 1 次，读数 2~4 次，时段指测边的时间段；

2. 测量斜距，应经气象改正和仪器的加、乘常数改正后再进行水平距离改正；

3. 计算距离往返测较差时，$a$、$b$ 分别为所用测距仪标称精度的固定误差和比例误差；

4. 测距仪按测距中误差大小分三级，Ⅰ级为 $|m_D|\leq 2\text{mm}$，Ⅱ级为 $2\text{mm}<|m_D|\leq 5\text{mm}$，Ⅲ级为 $5\text{mm}<|m_D|\leq 10\text{mm}$。

(3)垂直角观测时，每半测回两次照准读数，取多测回平均值，其技术要求应符合表 3-2-6 的规定。

表 3-2-6　　垂直角观测技术要求

| 等级 | 仪器精度 | 测回数 | 指标差较差/(″) | 测回较差/(″) |
|---|---|---|---|---|
| 次级网 | $DJ_{05}$ | 2 | 4 | 4 |
| | $DJ_1$ | 4 | 6 | 6 |

4)平面网采用 GPS 网的技术要求

(1)采用双频测量型 GPS 接收机。

(2)采用配备抑径板或扼流圈的 GPS 天线，其相位中心的变化应稳定。使用前应对 GPS 天线进行相位中心偏差检定和稳定性测试。

(3)应选择卫星 PDOP 值较小、电离层相对稳定的时段进行观测。同时应避免施工影响，并应避免点位上空塔吊旋转横臂的干扰。

(4)每条基线的同步观测时间不应小于 120min。

(5)WGS-84 起算坐标的获取，可与具有准确 WGS-84 坐标的基准台站或等级控制点进行联测，也可通过长时间的观测数据进行单点定位；远距离坐标联测、单点定位的数据解算宜采用精密星历。

(6)GPS 测量数据处理基线解算前应进行数据编辑，应修正相位观测值的周跳，剔除粗差；卫星高度角设置不宜低于 15°；解算应采用双差固定解；平差后最弱边相对中误差不应低于 1/70000。

(7)GPS 测量成果应进行外符合精度的检测。宜采用测距方式检测基线边长，所使用的测距仪精度等级不应低于 I 级，检测边数量不应少于全部基线数的 20%。

5)次级网数据处理模型及成果要求

次级平面控制网在平差计算时，以初级网基准点中的稳定点组作为平面起算数据；平差成果中至少应包括观测值的平差值、改正数，验后单位权方差，点位坐标，点位坐标中误差，观测值平差值的精度等指标。

2. 高程控制网

1)次级高程控制网布网形式、主要技术要求

次级高程控制网采用精密水准测量方法测量，其网形宜布设成闭合环线、节点网或附合水准路线等形式。

次级高程控制网的主要技术要求见表 3-2-7。

表 3-2-7　**次级高程控制网的主要技术要求**

| 等级 | 每千米高差全中误差/mm | 水准点高程中误差/mm | 相邻点高差中误差/mm | 每站高差中误差/mm | 与已知点联测、附合或环线观测次数 | 往返较差、附合或环线闭合差/mm | 检测已测高差较差/mm |
|---|---|---|---|---|---|---|---|
| 次级网 | 2 | 1.0 | 0.5 | 0.13 | 往返各 1 次 | $0.3\sqrt{n}$ | $0.5\sqrt{n}$ |

注：$n$ 为测站数。

2)高程控制网设置要求

高程基准点数量不应少于 3 个，当受地形或其他条件限制，不与平面基准点共墩设置时，也可在施工区外围相对稳定的区域埋设，并应符合下列规定：

(1)高程基准点应设置在施工变形区域以外、基础稳定的地方，点位附近交通方便，但要注意避开交通干道主路；

(2)布设在建筑区内，其点位与邻近建筑物的距离应大于建筑物基础最大宽度的 2 倍，其标石埋深应大于邻近建筑物基础的深度；

(3)可根据点位所处的不同地质条件将标石选埋在裸露的基岩上，或在原状土层内采用深埋式标志，高程基准点标石如图 3-2-3(a)所示。

高程工作基点数量宜为 6 ~ 8 个，宜设在平面工作基点观测墩下部的适当位置，观测墩中水准标志的设置如图 3-2-4 所示。

次级网水准观测主要技术要求见表 3-2-8。

表 3-2-8 **次级网水准观测主要技术要求**

| 等级 | 仪器精度 | 水准尺 | 视线长度/m | 前后视距差/m | 视线高/m | 基辅读数差/mm | 基辅所测高差较差/mm |
|---|---|---|---|---|---|---|---|
| 次级网 | $DS_{05}$ | 因瓦 | 25 | 0.5 | 1.5 | 0.3 | 0.4 |

注：1. 观测混凝土观测墩上水准点标志等特殊情况，视线高可适当放宽；

2. 数字水准仪观测不受基、辅分划读数较差等指标的限制，但测站两次观测高差较差应符合表中基、辅分划所测高差限值。

次级高程控制网中基准点组稳定性检测后，宜固定选取其中一个基准点作为施工过程中的高程起算点，另外两个点分别用作参考点和检查点。

3. 复测

施工期间，次级网应定期复测。建网初期，每 3 个月复测一次，点位稳定后每半年复测一次。

当受爆破、地震等外力作用，影响点位稳定性时，应及时复测，并对次级网的稳定性、可靠性进行评估。

次级网每期复测的结果应与当前使用的成果进行较差分析，当较差不超过较差中误差的 2 倍时，采用原测量成果。

### 3.2.3 微网测量

随着施工推进，核电建筑最外层厂房的外墙阻挡了次级网点与各厂房内部结构的通视，这时需要建立控制各厂房内部结构的施工基准点，以指导厂房内建筑施工、设备安装和变形监测等工作。

厂房内部的微型控制网(简称微网)，由一组埋设在各功能区厂房内底板基础平台上的控制点构成；底层以上各楼层控制点以底板平面上的控制点为基础，逐层上引，并可根据需要，按加密网要求加密布设。

1. 平面控制测量

建立微型平面控制网时，点位布设应考虑厂房内部结构和形状、各楼层设备的分布情况以及施工方法。微网平面控制点标志构造如图 3-2-5 所示。先在楼板混凝土基础面上预埋不锈钢板，待标志稳定后在其表面刻划十字线，并在交点处冲一个小孔代表点位中心，孔心直径不超过 1.5mm。

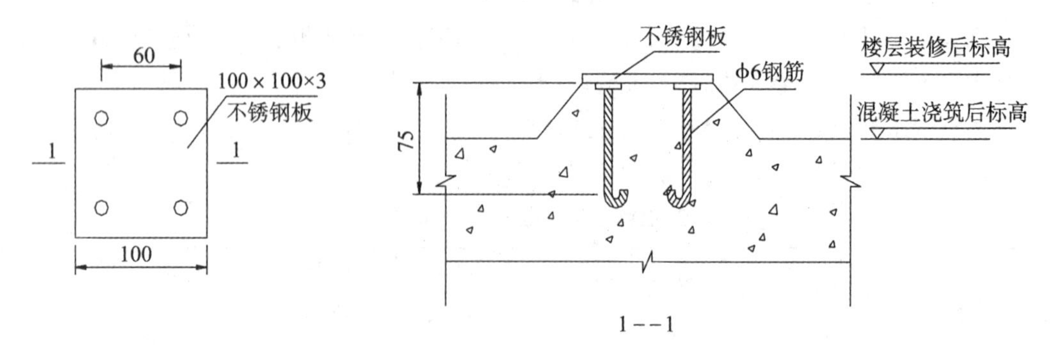


图 3-2-5　微网平面控制点构造示意图

外业观测宜在控制点上观测全部通视的边和方向，必要时可利用自由设站法加设临时测站，使观测网形构成三角形、大地四边形、中点多边形等基本图形，加强图形强度，提高控制点精度。

微网平面控制测量的主要技术指标如表 3-2-9 所示。

表 3-2-9　**微网平面控制测量主要技术指标**

| 等级 | 坐标中误差/mm | 相邻点相对坐标中误差/mm | 仪器与棱镜及觇牌对中误差 | 测角中误差/(″) | 水平角观测测回数 | | 三角形最大角度闭合差/(″) |
|---|---|---|---|---|---|---|---|
| | | | | | $DJ_{05}$ | $DJ_1$ | |
| 微网 | 2.0 | 2.0 | 0.3 | 5 | 4 | 6 | 15 |

注：1. 厂房内部微网，其相邻点间距离宜为 5 ～ 30m，平均边长宜为 20m；

2. 影响短边测角中误差的主要因素是仪器和觇标的对中误差，当所用仪器与觇标的实际对中误差与表列数值相差较大时，应重新进行验算。

1）底板微网点、加密网点及测量通视孔位置的选定，应符合下列要求：

（1）应根据厂房内部结构和形状、各楼层设备的分布情况及施工方法进行布设。

（2）底板微网平面点垂直方向上的楼板，宜预留专用垂直通视孔，通视孔构造如图 3-2-6 所示。同层微网点间连线上，浇筑墙体的合适高度处，宜预埋必要的水平圆管。

（3）底板微网基本平面点、加密网点、垂直通视孔以及水平通视孔选择应保证投测至厂房最顶层时，至少还有 3 个互相通视的平面控制点。

2）微网测量作业的基本要求应符合下列规定：

（1）平面控制网优化应结合使用的仪器设备情况，合理配置测边、测角精度。

（2）水平角观测、电磁波测边、垂直角观测的基本要求分别按表 3-2-4、表 3-2-5 及表 3-2-6 的规定执行。

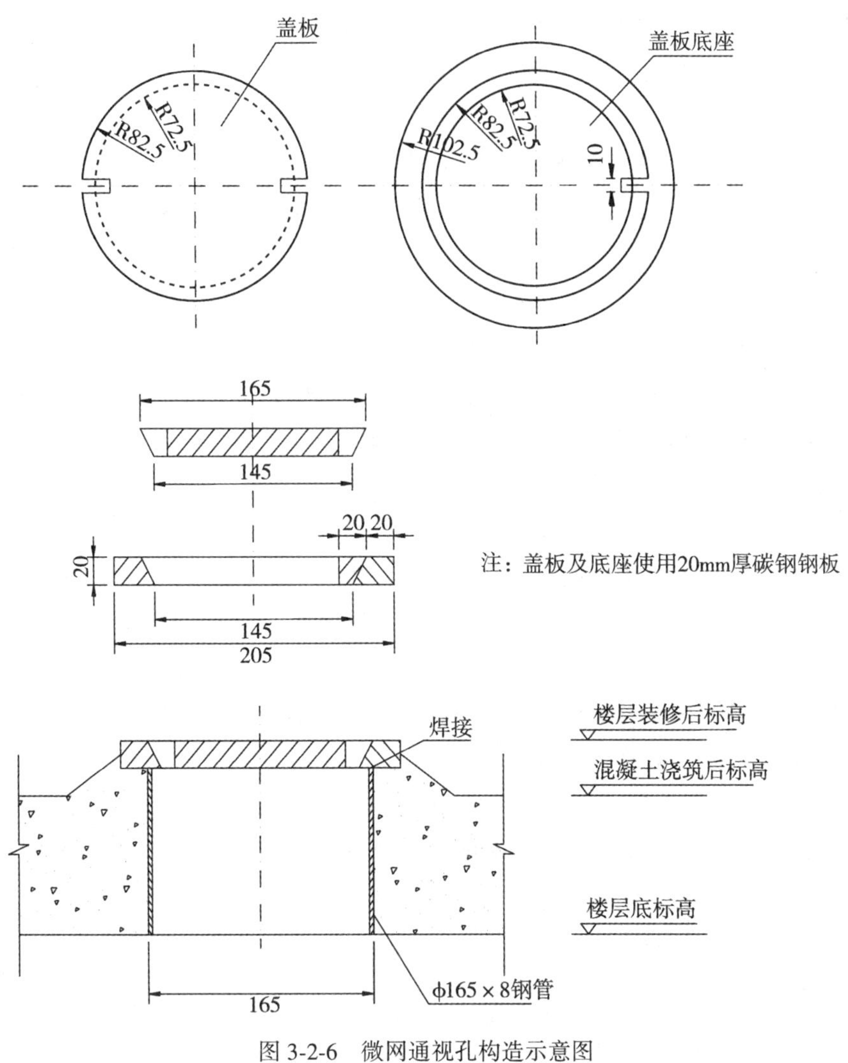


图 3-2-6 微网通视孔构造示意图

(3)当采用钢尺量距时，应符合表 3-2-10 的规定。

表 3-2-10 **钢尺量距技术要求**

| 等级 | 模式 | 最小估读值/mm | 定线偏差/mm | 尺段高差较差/mm | 温度读数/℃ | 各次或各段较差/mm | 成果取位/mm | 各次或各段全长较差/mm |
|---|---|---|---|---|---|---|---|---|
| 微网 | 往返 | 0.5 | 30 | 5 | 0.5 | 1.0 | 0.1 | $3.0\sqrt{D}$ |

注：1. $D$ 是以 100m 为单位计的长度。

2. 钢尺使用前应进行检定。边长测量应采用往返悬空丈量方法，1 次照准，3 次读数；使用的重锤、弹簧秤和温度计，均应进行检定，丈量时，引张拉力重量应与钢尺检定时相同。

3. 丈量结果应加入尺长、温度、倾斜改正。

3)微网测量宜采用多联脚架法施测，并应符合下述规定：

(1)照准目标，应使用精密觇牌、精密棱镜和精密支架；仪器对中应使用精密基座。

(2)仪器安置应严格整平，转动照准部时，宜匀速平稳。

(3)测站观测过程中，应尽量避免二次调焦。当相邻方向边长相差悬殊、目标成像模糊必须调焦时，宜采用正、倒镜同时观测法。

(4)应选择良好的观测时段，每测回观测时间宜尽可能短。

微网测量应根据各厂房的设计图纸和施工进度，提前做好方案设计，分区分层建立。在厂房施工初期，微网测量应选择在标志稳定之后的适宜时段进行。

底板微网的平面基点应与邻近的次级网点进行坐标联测，底板以上各楼层加密网点的平面控制，应由平面基点进行传递和引测。

2. 高程控制测量

微型高程控制网由厂房内底板基础平台上的 2 ～ 3 个水准基点组成。底板以上各楼层的高程控制测量应以底板微网水准点为基准，还可在各独立厂房内部另外引测 1 个高程控制点。

微网高程控制测量应采用精密水准测量方法，宜布设成闭合水准路线。微网高程控制测量的主要技术要求应符合表 3-2-11 的规定。

表 3-2-11　**微网高程控制测量的主要技术要求**

| 等级 | 每千米高差全中误差/mm | 水准点高程中误差/mm | 相邻点高差中误差/mm | 每站高差中误差/mm | 与已知点联测、附合或环线观测次数 | 往返较差、环线闭合差/mm | 检测已测高差较差/mm |
| --- | --- | --- | --- | --- | --- | --- | --- |
| 微网 | 2 | 1.0 | 0.5 | 0.13 | 往返各 1 次 | $0.3\sqrt{n}$ | $0.5\sqrt{n}$ |

注：$n$ 为测站数。

微网高程控制点应为预埋在厂房内或结构中心附近基础上的水准标志，微网水准点一般在钢筋上焊接不锈钢圆形标志，预埋在底层楼板，外加金属保护盒，保护盒大小要求满足水准测量时立尺方便，盖板顶面与房间竣工后的地面标高一致，标志结构与埋设如图 3-2-7 所示。

通常情况下，底板水准基点组中宜固定选择其中一个点作为独立厂房内部的施工高程起算基准，而其他的水准点用作参考点或检核点。微网水准观测的主要技术要求同次级高程控制网。

3. 复测

微网应定期复测，布网初期宜 1～3 个月内复测 1 次，点位稳定后，宜每半年复测

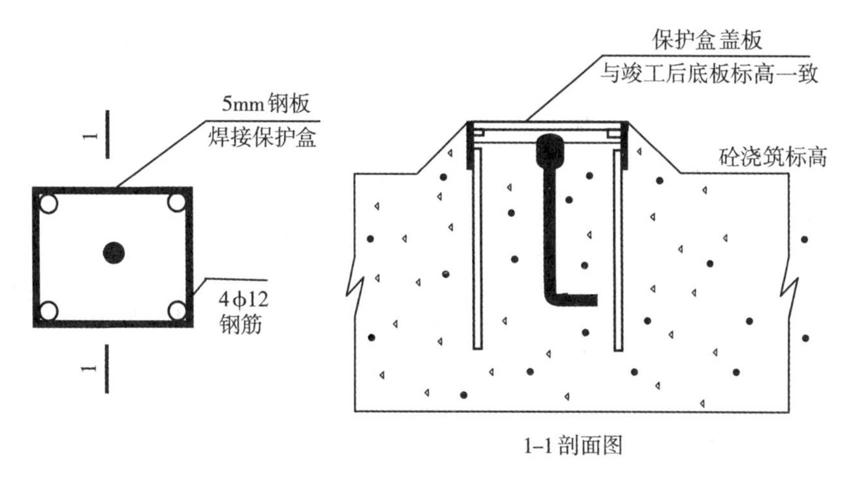


图3-2-7　微网高程控制点构造与埋设示意图

1次。

微网复测时，受通视条件限制，一般无法与次级网联测，复测成果用于微网点内部相对位置的分析、检查和调整。

每期复测成果，应与前期成果进行较差分析，同时对点位的稳定性和变化趋势作出正确判断。

4. 传递测量

1）微网平面控制点向上层传递

厂房内部底板上的微网平面基准点的竖向投测、水准点标高的垂直传递应选择在无施工干扰、风力影响较小的条件下进行。

底板微网平面基准的竖向投点采用天底准直法，其竖向投点误差不超过1mm。

通过天底仪竖向投点的底板平面基点，应与该楼层新增的加密点一起构网，并应采用多联脚架法进行边、角组合观测。

2）微网高程向上层传递

厂房内部不同楼层高程基准点的引测，宜采用悬吊钢尺结合水准测量的方法进行（如图3-2-8所示），悬吊钢尺法竖向高程传递计算公式：

$$H_B = H_A + a + (c - b) - d \tag{3-2-1}$$

式中，$H_A$、$H_B$分别表示底层已知高程点、引测的待定高程点的高程值；

$a$、$b$分别表示在已知高程点处安置水准仪时在钢尺和水准尺上的读数；

$c$、$d$分别表示在待定高程点处安置水准仪时在钢尺和水准尺上的读数。

采用悬吊钢尺法进行高程传递测量时，上下两台水准仪应同时操作，应在钢尺上悬吊与钢尺检定时质量一致的重锤。

采用悬吊钢尺法进行高程传递测量时，应注意以下事项：

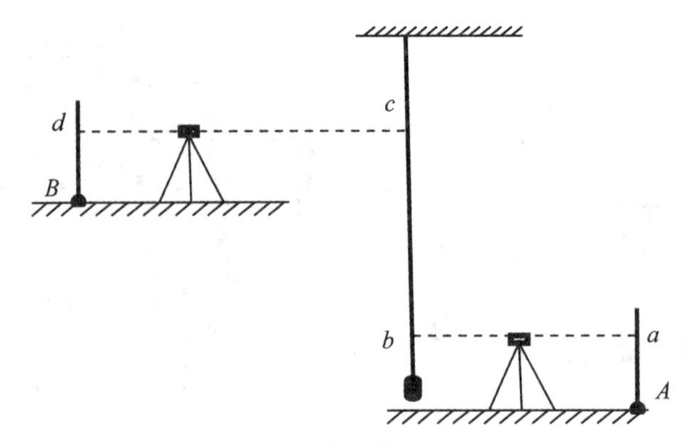


图 3-2-8　高程传递示意图

(1)水准测量时，每一测站的前后视距尽可能相同，视距差小于 1m；

(2)应独立观测至少两次，两次观测之间应变动仪器高；

(3)各次观测高差较差不大于 0.5m；

(4)观测高差应进行钢尺的温度、尺长改正，其中温度取钢尺读数两端测量温度的平均值。

**例 3-2-1**　本例中的数据源于国内某核电站高程引测实例。如图 3-2-8 所示，利用 $NA_2$+GPM3 水准仪，采用悬吊钢尺法测量待定高程点高程，已知 $H_A=12.315\text{m}$，测量过程中，水准仪视线上、下两端钢尺温度分别为 8.5℃和 9.2℃，钢尺的尺长方程式为 $L=L_0+\Delta L+\alpha\cdot(t-20℃)\cdot L_0$，膨胀系数 $\alpha=11.5\times10^{-6}\text{m}/(\text{m}\cdot℃)$，原始观测记录如表 3-2-12 所示，对应钢尺的尺长分段改正数见表 3-2-13，试计算待定高程点 $B$ 的高程 $H_B$。

表 3-2-12　　**高程基准上引时观测与计算记录**

<table>
<tr><td rowspan="4">测站编号</td><td rowspan="2">后尺</td><td>下丝</td><td rowspan="2">前尺</td><td>下丝</td><td rowspan="4">方向及尺号</td><td colspan="2" rowspan="2">标尺读数</td><td rowspan="4">K+黑-红</td><td rowspan="4">高差中数</td><td rowspan="4">备注</td></tr>
<tr><td>上丝</td><td>上丝</td></tr>
<tr><td colspan="2">后距</td><td colspan="2">前距</td><td rowspan="2">基本分划</td><td rowspan="2">辅助分划</td></tr>
<tr><td colspan="2">视距差 d</td><td colspan="2">∑d</td></tr>
<tr><td rowspan="4">1</td><td colspan="2">1443</td><td colspan="2">23792</td><td>后 B</td><td>132410</td><td>433950</td><td>10</td><td></td><td rowspan="4"></td></tr>
<tr><td colspan="2">1205</td><td colspan="2">23554</td><td>前钢尺</td><td>(18)<br>[-304]<br>2367352</td><td>(18)<br>[-304]<br>2367348</td><td>4</td><td></td></tr>
<tr><td colspan="2">23.8</td><td colspan="2">23.8</td><td>后-前</td><td>-2234656</td><td>-1933062</td><td>6</td><td></td></tr>
<tr><td colspan="2">0.0</td><td colspan="2">0.0</td><td colspan="5">-2234659</td></tr>
</table>

续表

| 测站编号 | 后尺 下丝 | 前尺 下丝 | 方向及尺号 | 标尺读数 | | K+黑-红 | 高差中数 | 备注 |
|---|---|---|---|---|---|---|---|---|
| | 后尺 上丝 | 前尺 上丝 | | 基本分划 | 辅助分划 | | | |
| | 后距 | 前距 | | | | | | |
| | 视距差 $d$ | $\sum d$ | | | | | | |
| 2 | 0554 | 1240 | 后钢尺 | (-4)<br>[-7]<br>053725 | (-4)<br>[-7]<br>053734 | -9 | | |
| | 0520 | 1208 | 前 $A$ | 122336 | 423875 | 11 | | |
| | 3.4 | 3.2 | 后-前 | -068622 | -370152 | -20 | | |
| | 0.2 | 0.2 | -068612 | | | | | |

注：表中对应钢尺读数中的圆括号与方括号内数字分别是钢尺读数处的尺长和温度改正数。

表 3-2-13 **钢尺检定记录**

| 被测间隔 | 实际长度 $L_{20℃}$ | | 被测间隔 | 实际长度 $L_{20℃}$ | | 被测间隔 | 实际长度 $L_{20℃}$ | |
|---|---|---|---|---|---|---|---|---|
| /m | /m | /mm | /m | /m | /mm | /m | /m | /mm |
| 0~1.0 | 1.0 | -0.067 | 0~18.0 | 18.0 | +0.087 | 0~35.0 | 35.0 | +0.283 |
| 0~2.0 | 2.0 | -0.018 | 0~19.0 | 19.0 | +0.073 | 0~36.0 | 36.0 | +0.305 |
| 0~3.0 | 3.0 | -0.045 | 0~20.0 | 20.0 | +0.114 | 0~37.0 | 37.0 | +0.344 |
| 0~4.0 | 4.0 | -0.039 | 0~21.0 | 21.0 | +0.139 | 0~38.0 | 38.0 | +0.344 |
| 0~5.0 | 5.0 | -0.054 | 0~22.0 | 22.0 | +0.117 | 0~39.0 | 39.0 | +0.358 |
| 0~6.0 | 6.0 | -0.052 | 0~23.0 | 23.0 | +0.154 | 0~40.0 | 40.0 | +0.360 |
| 0~7.0 | 7.0 | -0.043 | 0~24.0 | 24.0 | +0.197 | 0~41.0 | 41.0 | +0.369 |
| 0~8.0 | 8.0 | -0.025 | 0~25.0 | 25.0 | +0.216 | 0~42.0 | 42.0 | +0.410 |
| 0~9.0 | 9.0 | +0.002 | 0~26.0 | 26.0 | +0.222 | 0~43.0 | 43.0 | +0.395 |
| 0~10.0 | 10.0 | +0.023 | 0~27.0 | 27.0 | +0.223 | 0~44.0 | 44.0 | +0.421 |
| 0~11.0 | 11.0 | +0.033 | 0~28.0 | 28.0 | +0.244 | 0~45.0 | 45.0 | +0.421 |
| 0~12.0 | 12.0 | +0.027 | 0~29.0 | 29.0 | +0.233 | 0~46.0 | 46.0 | +0.420 |
| 0~13.0 | 13.0 | +0.034 | 0~30.0 | 30.0 | +0.249 | 0~47.0 | 47.0 | +0.418 |
| 0~14.0 | 14.0 | +0.037 | 0~31.0 | 31.0 | +0.273 | 0~48.0 | 48.0 | +0.413 |
| 0~15.0 | 15.0 | +0.068 | 0~32.0 | 32.0 | +0.253 | 0~49.0 | 49.0 | +0.402 |
| 0~16.0 | 16.0 | +0.068 | 0~33.0 | 33.0 | +0.285 | 0~50.0 | 50.0 | +0.406 |
| 0~17.0 | 17.0 | +0.078 | 0~34.0 | 34.0 | +0.314 | | | |

**解**：(1)分段计算尺长改正数：

按尺长检定表，钢尺上端尺长改正数：

$$\Delta l_{11} = 0.154 + (0.197 - 0.154) \times 0.67 = 0.183\text{mm}$$

钢尺下端尺长改正数：

$$\Delta l_{12} = -0.067 \times 0.53 = -0.036\text{mm}$$

(2)钢尺读数处温度改正数计算：

钢尺上端：$\Delta l_{21} = 0.0115 \times (0.5(8.5 + 9.2) - 20) \times 23.674 = -3.04\text{mm}$

钢尺下端：$\Delta l_{21} = 0.0115 \times (0.5(8.5 + 9.2) - 20) \times 0.537 = -0.07\text{mm}$

将尺长与温度改正数计算结果分别填写在观测表对应观测数据上方的"( )"和"[ ]"内，以示与水准仪观测数据的区别。

(3)计算待定点高程。根据式(3-2-1)有：

$$\begin{aligned} H_B &= H_A + a + (c - b) - d \\ &= 12.315 + 0.68612 + 22.34659 \\ &= 35.348\text{m} \end{aligned}$$

## 3.3 施工控制测量案例分析

本节以国内建设的核电站工程为例，分别介绍初级平面和高程控制网、次级平面和高程控制网及微网平面控制网实例，详细介绍核电厂施工控制网的建立方法和实施过程。

### 3.3.1 田湾核电厂初级控制网

1. 平面控制网

为满足连云港田湾核电厂总体规划和前期施工建设等相关工作的需要，由原核工业某勘察院于1997年初，在厂区周围建立了D级GPS控制网。

1)测区概况

拟建厂址位于连云港市东北部后云台山南麓的扒山头，东南面临黄海，西与宿城风景区相接，南面为黄海滩地，西北与后云台山口相邻，行政隶属连云港市连云区高公岛乡。测区位于东经119°26′—119°29′、北纬34°40′—34°42′，控制面积约15km$^2$。经实地勘查与外测内审，根据标志保存情况和精度检测，测区及周围有可利用的原江苏省第一测绘院施测的连云港市D、E级GPS控制网点羊山岛、宿城中心小学及扒山等点。

2)坐标系统与作业依据

(1)平面坐标采用1954年北京坐标系，中央子午线经度为120°，三度带投影。

(2)作业按《全球定位系统(GPS)作业规范》(CH 2001—92)执行。

3)GPS控制网的布设

本GPS控制网共布设14个控制点，如图3-3-1所示，其中利用了原连云港市GPS控制网D级点羊山岛、宿城中心小学、烧香河闸及E级点黄崖、扒山等5个点的原标石，新埋设扒山南等9个标志点。为使用方便，对各点重新统一编号。该网最长边为4.7km，最短边为0.8km，平均边长1.8km，通过羊山岛、宿城中心小学、烧香河闸与原GPS控制网整体平差。

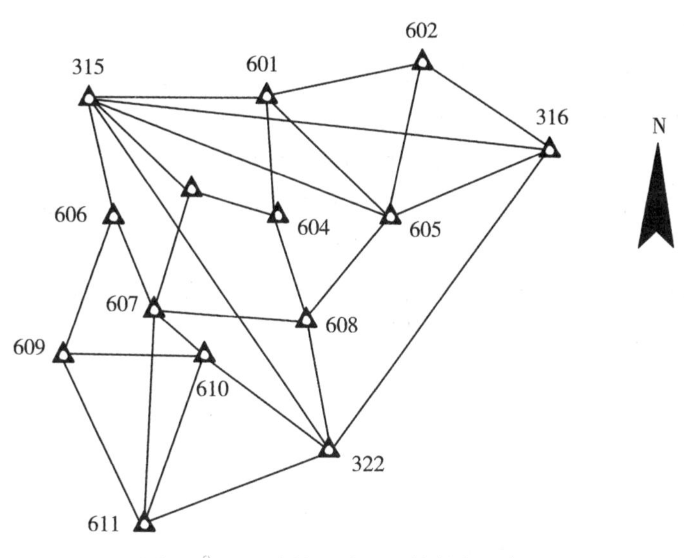


图3-3-1 田湾核电站平面控制点示意图

4)GPS控制网的观测与数据处理

外业观测采用Leica公司WILD2005型单频GPS接收机4台作业，作业前对仪器设备进行全面检校，采用快速静态定位模式进行，同步观测时间大于30 min，共完成29条独立基线的观测工作，组成同步闭合环28个，非同步闭合环15个，闭合环闭合差限差按下列公式计算：

$$W_{max} = 2 \times \sqrt{\sum (10 + 2 \times S_i)^2} \tag{3-3-1}$$

式中，$S_i$为构成闭合环的各基线的长度，以km为单位，$W_{max}$为闭合环的限差，以mm为单位，$10mm+2\times10^{-6}\times S$为仪器标称精度，所有闭合环闭合差均小于限差要求。

GPS基线向量解算采用仪器厂家提供的商用软件，使用同济大学研制的GPS数据后处理软件进行外业观测数据质量检查、平差计算及精度评定，整网平差后，最弱点点位中误差为±1.9cm，最弱边边长相对中误差为1/20.4万，与原连云港市D级GPS控制网4个重合点坐标比较，坐标差值$\Delta x$、$\Delta y$分别为(+0.1，0)、(−0.3，0.1)、(−1.1，0)、(−0.4，0.4)，与原网成果一致。

2. 高程控制网

高程基准采用1956年黄海高程系。根据实地情况，以Ⅲ等水准点马高12、马高13为起算点，建立了布设在测区内的BM1~BM4的4个IV水准点，使用N3水准仪及三米区格双面木质水准尺，按四等水准测量规范作业，其中水准环闭合差最大为+16mm(闭合差限差为45mm)，最小闭合差为+5mm(限差为26mm)，平差计算使用清华山维

NASEW3.0 软件，点位高程中误差最大值为±6.1mm。

### 3.3.2　阳江核电站次级控制网

1. 平面控制网

1) 背景简介

阳江核电站是由中国广核集团阳江核电有限公司负责建设和运营的，它拥有 6 台百万千瓦级压水堆核电机组，采用 CPR1000 及其改进型技术。为满足核电厂核岛及常规岛厂房施工前期定位、建设初期施工及后期厂区变形监测需要，参考核电厂总平面布置图及其他有关的设计图纸，共布设次级平面控制网点 9 个，如图 3-3-2 所示。其中 SC01～SC03 兼作厂区变形监测基本网，采用在基岩上浇筑强制对中混凝土观测墩形式布设，其他控制点采用普通强制对中混凝土观测墩，在所有的平面控制墩下部适当位置处埋设水准观测标志，兼作水准点。待混凝土观测墩施工完成，点位标志完全稳定后进行观测。

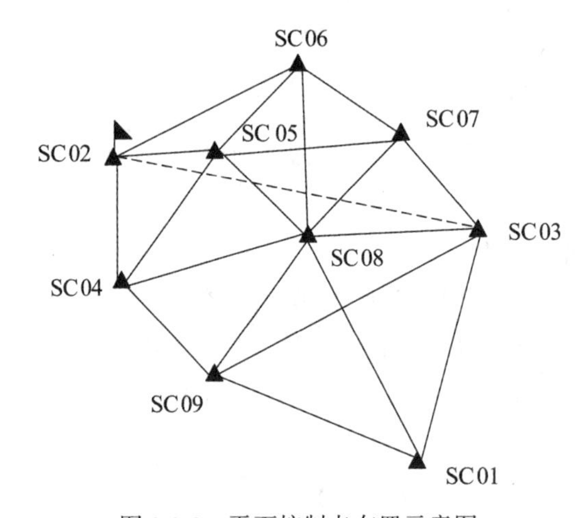


图 3-3-2　平面控制点布置示意图

2) 起算数据和执行标准

起算数据以原首级网中 SC02 点坐标，原首级网中 SC02 及 SC03 坐标反算的坐标方位角为起算基准，平差计算时，按上述已知条件，采用经典自由网平差模型处理观测数据。

执行的技术标准包括：

(1) 阳江核电厂设计图纸及技术要求等；

(2)《核电厂工程测量技术规范》(GB 50633—2010)；

(3)《工程测量规范》(GB 50026—93)；

(4)《精密工程测量规范》(GB/T 15314—94)；

(5)《测绘产品检查验收规定》(CH 1002—95)；

(6)其他未提及的内容按照国家相关的技术标准执行。

3)设备情况及完成工作量

(1)设备情况。

平面控制网外业测量采用的仪器与设备、软件见表 3-3-1。

表 3-3-1 **外业测量仪器与设备**

| 设备名称 | 标称精度 | 型号 | 数量 | 鉴定情况 |
|---|---|---|---|---|
| 全站仪 | $1mm+1\times10^{-6}$，0.5″ | TC2003 | 1 | 已鉴定 |
| 计算机 | | 联想 P5 | 2 | |
| 平差软件 | | 平差易 2005 | 1 | |

(2)完成工作量。

本次测量共完成 9 个次级网点的平面控制测量工作，具体成果见表 3-3-4。

4)所采用的坐标系统

坐标系统采用核电站施工独立坐标系，测量成果资料是基于施工坐标系下的成果。

5)次级平面控制测量技术设计

平面网采用大地四边形、中点多边形等连接形式构网，为加强图形强度，提高观测成果质量的可靠性，通常情况下，要求观测全部通视方向的方向值与边长。共设置 9 个强制观测墩，平面网形如图 3-3-2 所示。

次级平面控制网采用 TC2003 全站仪观测方向和距离，水平角观测 9 测回，边长、垂直角观测 4 测回。边长测量过程中，根据作业场地情况，提前设置仪器气象参数(温度、气压及大气折光系数)，并根据检定的加常数和乘常数进行距离改正。外业观测记录采用手工及电子记录两种方式，并对当天记录进行互相检核，严格按照相应的技术要求控制各项观测限差。

由于控制网分布面积小，方向观测值不进行高斯投影方向改化归算，但要求将距离观测值归算至厂区主施工高程面。观测数据处理包括外业数据检查及平差处理。

(1)外业观测数据质量检查。

全网共随机统计 17 个三角形闭合差，其中闭合差最大为-2.0″，最小为 0.0″，平差前先验的测角中误差为±0.528"，具体见表 3-3-2。

表 3-3-2 **方向观测精度统计**

| 三角形 | 三角形闭合差 $\Delta$/(″) | $\Delta\Delta$ | 三角形 | 三角形闭合差 $\Delta$/(″) | $\Delta\Delta$ |
|---|---|---|---|---|---|
| 03-01-02 | 0.2 | | 07-05-02 | −0.9 | |
| 09-01-02 | −0.1 | | 06-05-02 | −0.5 | |

续表

| 三角形 | 三角形闭合差 Δ/(″) | ΔΔ | 三角形 | 三角形闭合差 Δ/(″) | ΔΔ |
|---|---|---|---|---|---|
| 08-01-02 | 0.4 | | 08-03-02 | 0.5 | |
| 05-04-02 | -1.4 | | 09-03-02 | -2.0 | |
| 09-04-02 | -0.9 | | 07-03-01 | -1.3 | |
| 08-04-02 | 0.0 | | 07-06-05 | 0.6 | |
| 08-05-02 | 0.3 | | 08-06-02 | 1.1 | |
| 09-05-02 | -0.5 | | 07-08-03 | 1.4 | |
| 09-08-02 | 0.6 | | | | |
| 平差前测角中误差计算情况 | | | | | |
| [ΔΔ] | 14.21 | | | | |
| 测角中误差 | 0.528 | | | | |
| 方向中误差 | 0.373 | | | | |

注：为表达简洁，表中三角形仅示意对应顶点，并将点号前的字母省略。

往返测边长水平距离较差最大值为 1.5mm，最小值为 0mm，平差前先验的测边中误差为±0.63mm，具体见表 3-3-3。

表 3-3-3　**距离观测精度统计**

| 序号 | 边名 | 边长观测情况 | | | VV |
|---|---|---|---|---|---|
| | | 往测/m | 返测/m | 较差 V/mm | |
| 1 | SC09-SC04 | 209.1840 | 209.1839 | 0.1 | 0.01 |
| 2 | SC09-SC01 | 412.1773 | 412.1766 | 0.7 | 0.49 |
| 3 | SC09-SC03 | 711.9496 | 711.9511 | -1.5 | 2.25 |
| 4 | SC09-SC08 | 398.3416 | 398.3407 | 0.9 | 0.81 |
| 5 | SC09-SC05 | 478.5438 | 478.5425 | 1.3 | 1.69 |
| 6 | SC09-SC02 | 426.4562 | 426.4574 | -1.2 | 1.11 |
| 7 | SC04-SC02 | 232.1280 | 232.1289 | -0.9 | 0.81 |
| 8 | SC04-SC05 | 349.3709 | 349.3709 | 0.0 | 0.00 |
| 9 | SC04-SC08 | 392.8402 | 392.8400 | 0.2 | 0.04 |
| 10 | SC05-SC08 | 254.0287 | 254.0291 | -0.4 | 0.16 |
| 11 | SC05-SC02 | 205.7091 | 205.7101 | -1.0 | 1.00 |
| 12 | SC05-SC07 | 432.9406 | 432.9411 | -0.5 | 0.25 |

续表

| 序号 | 边名 | 边长观测情况 | | | VV |
|---|---|---|---|---|---|
| | | 往测/m | 返测/m | 较差 V/mm | |
| 13 | SC05-SC06 | 306.9576 | 306.9561 | 1.5 | 2.25 |
| 14 | SC08-SC01 | 513.9534 | 513.9532 | 0.2 | 0.04 |
| 15 | SC08-SC06 | 380.3365 | 380.3374 | -0.9 | 0.81 |
| 16 | SC08-SC07 | 291.7089 | 291.7086 | 0.3 | 0.09 |
| 17 | SC08-SC03 | 426.3394 | 426.3398 | -0.4 | 0.16 |
| 18 | SC08-SC02 | 397.4606 | 397.4619 | -1.3 | 1.69 |
| 19 | SC07-SC03 | 297.7430 | 297.7442 | -1.2 | 1.44 |
| 20 | SC07-SC06 | 301.6341 | 301.6352 | -1.1 | 1.21 |
| 21 | SC07-SC01 | 678.4139 | 678.4142 | -0.3 | 0.09 |
| 22 | SC06-SC02 | 501.8162 | 501.8169 | -0.7 | 0.49 |
| 23 | SC02-SC01 | 778.0882 | 778.0880 | 0.2 | 0.04 |
| 24 | SC03-SC01 | 527.3914 | 527.3903 | 1.1 | 1.21 |
| 25 | SC03-SC02 | 823.2638 | 823.2632 | 0.6 | 0.36 |
| $\sum$ | | | | | 18.83 |
| 距离测量精度估计： | $\sqrt{\frac{18.83}{24\times2}}=0.63\text{mm}$ | | | | |

(2)平差计算。

外业观测数据经过验算，满足相关技术文件的要求，平差后，得到控制网的计算结果，如表3-3-4所示。

表3-3-4 **控制网成果表**

| 点号 | X坐标/m | Y坐标/m | X坐标中误差/mm | Y坐标中误差/mm | 点位中误差/mm |
|---|---|---|---|---|---|
| SC01 | 6386.5174 | 2902.1193 | 0.4 | 0.4 | 0.6 |
| SC03 | 6463.4374 | 3423.8720 | 0.1 | 0.2 | 0.2 |
| SC04 | 6987.0670 | 2830.6000 | 0.3 | 0.3 | 0.4 |
| SC05 | 7069.7208 | 3170.0537 | 0.2 | 0.3 | 0.4 |
| SC06 | 7059.1381 | 3476.8284 | 0.4 | 0.4 | 0.5 |
| SC07 | 6757.5789 | 3470.0622 | 0.4 | 0.3 | 0.5 |
| SC08 | 6816.0903 | 3184.2808 | 0.2 | 0.3 | 0.4 |
| SC09 | 6782.3986 | 2787.3673 | 0.3 | 0.3 | 0.4 |

经平差计算，次级平面控制网最大点位中误差为±0.6mm，最大点间误差为0.6mm，最大边长相对中误差为1/694700。

6)质量检查的内容和方法

(1)检查控制点起算成果是否正确。

(2)控制网的观测方案合理性评价；仪器检查项目的完整性和方法的科学性；外业验算项目是否齐全和计算方法是否正确；观测和计算结果与限差的符合情况。

(3)内业检查测量平差起算数据的可靠性和正确性，外业原始记录资料的内容是否齐全，签名是否完整。

(4)技术问题处理的合理性；产品的精度情况；提交资料的整饰和完整情况；各级检查记录和项目填写是否齐全；提交检查记录和检查报告。

(5)技术审核组对控制测量的一切原始记录手簿、内业计算资料、各类图件进行100%的审查，各项精度指标逐一核实。

7)结论

(1)本项目采用的测绘仪器，检查项目齐全、方法正确，仪器精度达到相关技术文件要求，计量鉴定手续完备。

(2)本测区平面控制测量所采用的技术方案与作业方法合理。通过严格的内、外业检查，从工程项目实施的结果看，各项精度指标均满足规范及规程的要求：观测手簿记录格式正确，完全满足规范规定的要求；平差的各项限差满足规程要求。

(3)提交成果符合相关技术要求。

2. 高程控制网

1)建设方案

以核电厂建设单位提供的四等水准点 BM1 为起算点，布设二等闭合水准路线，部分水准点建造在原次级水平控制点混凝土基座底端，故编号同原平面点编号。闭合水准路线全长约为6.5km，线路往返累计总长度约为13.0km，二等水准网联测布置见图 3-3-3。

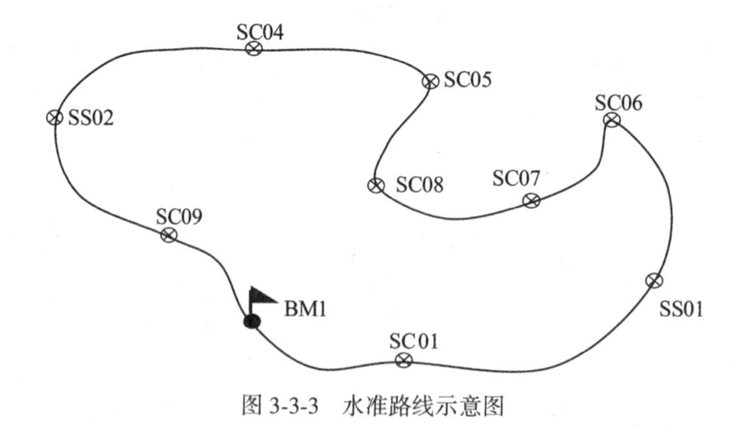


图 3-3-3 水准路线示意图

2)技术设计

次级高程网按二等水准观测要求进行，采用ZDL700型电子水准仪，其标称精度为偶然中误差±0.5mm/km。往测奇数站观测顺序为“后—前—前—后”，偶数站为“前—后—后—前”；返测时奇数站为“前—后—后—前”，偶数站为“后—前—前—后”，各测段间设置成偶数站。外业记录采用仪器自动记录，仪器内记录程序严格按照相应的技术规范要求，控制各项观测限差。

3)外业观测数据质量分析

平差前，进行外业观测数据验算，每千米高差中数偶然中误差±0.45mm，具体过程见表3-3-5。此外，由于该水准网中环线较少，缺少统计意义，故不予计算高差中数全中误差。

表3-3-5　　**外业观测数据计算表**

| 测段序号 | 起止点名 | 测段长 $R$ /km | 测站数 | 往测高差 /m | 返测高差 /m | 往返不符值 $\Delta$ /mm | $\frac{\Delta\Delta}{R}$ |
|---|---|---|---|---|---|---|---|
| 1 | BM1-SC09 | 0.420 | 10 | -1.32290 | -1.32370 | 0.80 | 1.52 |
| 2 | SC09-SS02 | 0.927 | 22 | 6.27224 | -6.27242 | -0.18 | 0.04 |
| 3 | SS02-SC04 | 0.957 | 24 | -3.97238 | 3.97308 | 0.70 | 0.51 |
| 4 | SC04-SC05 | 0.420 | 10 | 0.02809 | -0.02837 | -0.28 | 0.19 |
| 5 | SC05-SC08 | 0.260 | 7 | 0.02162 | -0.02142 | 0.20 | 0.15 |
| 6 | SC08-SC07 | 0.518 | 12 | -0.05874 | 0.05864 | -0.10 | 0.02 |
| 7 | SC07-SC06 | 0.333 | 8 | 0.12916 | -0.13002 | -0.86 | 2.22 |
| 8 | SC06-SS01 | 1.235 | 34 | 10.08047 | -10.07978 | 0.69 | 0.39 |
| 9 | SS01-SC01 | 1.822 | 60 | 7.01633 | -7.01512 | 1.21 | 0.80 |
| 10 | SC01-BM1 | 0.225 | 16 | -18.19088 | -18.19161 | 0.73 | 2.37 |
| $M_\Delta = \pm\sqrt{\frac{1}{4n}\left[\frac{\Delta\Delta}{R}\right]} = \pm 0.45$ | | | | | | $\sum$ | 8.21 |

注：$n$为测段数。

4)平差成果

验算外业观测数据，在满足相关技术规范要求的情况下，进行水准网平差计算，平差后得到的主要成果见表3-3-6。

表3-3-6　　**水准点高程平差成果表**

| 序号 | 点名 | 高程/m | 高程中误差/mm | 备注 |
|---|---|---|---|---|
| 1 | SC01 | 39.511 | 0.3 | BM1为高程已知点 |
| 2 | SC04 | 22.296 | 0.5 | |

续表

| 序号 | 点名 | 高程/m | 高程中误差/mm | 备注 |
| --- | --- | --- | --- | --- |
| 3 | SC05 | 22. 324 | 0. 5 | |
| 4 | SC06 | 22. 416 | 0. 5 | |
| 5 | SC07 | 22. 287 | 0. 5 | |
| 6 | SC08 | 22. 346 | 0. 5 | |
| 7 | SC09 | 19. 997 | 0. 2 | |
| 8 | SS01 | 32. 496 | 0. 5 | |
| 9 | SS02 | 26. 269 | 0. 4 | |

由于水准尺的米间隔平均长与名义真长之间相差很小，因此忽略不计；此外，本测区面积较小，因此二等水准测量正常水准面不平行、重力异常及温度等改正不予修正。水准环线闭合差为+1. 5mm，平差后的各项精度指标均满足相关技术要求。

### 3.3.3　核电站反应堆厂房微网

核电站反应堆厂房微网为该厂房内部建筑施工与设备安装提供定位基准，包括平面控制点和高程控制点两个部分。以江苏某核电站1号核岛工程+7. 40m标高层建立核反应微网过程为例说明。根据核反应堆厂房内部设计资料，布置了包括核岛中心RX01及夹角为30°、呈大致均匀分布的中点多边形平面控制网，网点编号RX17～RX28，共13个控制点，如图3-3-4所示。中心点到各顶点的距离位于24. 2～24. 5m，不同点之间的距离略有差异。该微网平面控制点采用200×200×400(单位：mm，下同)钢筋混凝土墩，墩顶预埋100×100×2的不锈钢板，钢板顶面标高与竣工后平台标高一致。在RX21及RX27混凝土墩上预埋不锈钢水准标志，编号为RS01和RS02，其高程从次级网高程基准点02，按二等水准测量规范引测。

微网作为核反应堆厂房后期施工放样及设备安装的位置基准，每次利用RX01点设站或定向时，采用特制的专用金属竖向井架根据需要提升至不同的高程面。其他控制点可直接利用对点仪，通过各楼层设置的专用通视对中孔，将相应的控制点投测至需要的楼层，或以此为基准，加密必要的建筑或安装局部控制点。

为保证厂房微网与厂区控制基准一致，以次级平面控制网中02及07为起算点。为了提高控制成果精度和可靠性，先按次级控制网精度，加密了4个中间控制点HX01～HX04，如图3-3-4所示。在此基础上，按微网测量规范，测设边角网，共观测通视边长49条、通视方向52个，点位坐标及精度情况如表3-3-7所示。不难看出，点位精度最高点RX01，其纵横向坐标中误差均为0. 3mm，精度最低点RX23，其纵横向坐标中误差分别为0. 8mm、0. 7mm。各点精度均满足点位中误差不超过2mm的规范要求。

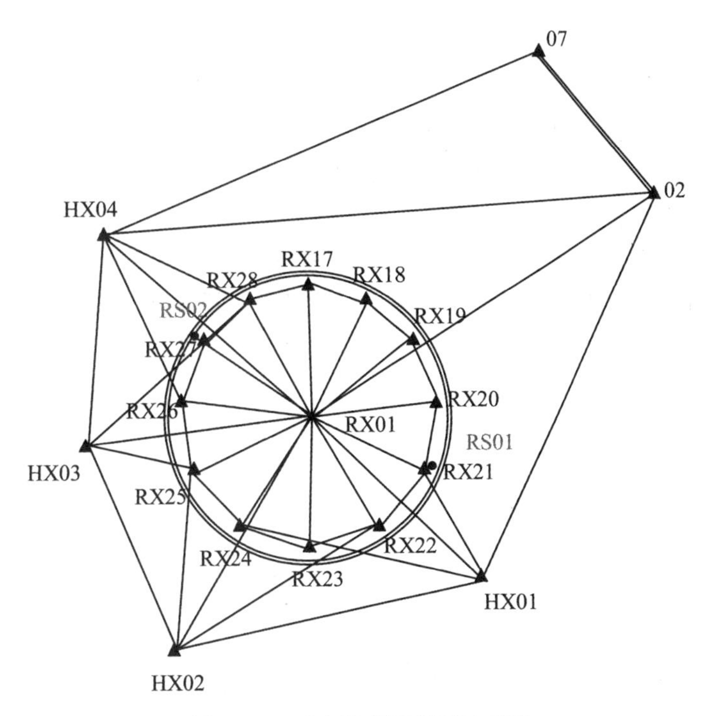


图 3-3-4　反应堆微网观测示意图

表 3-3-7

**微网观测成果表**

| 序号 | 点名 | 坐标/mm | | 中误差/mm | |
|---|---|---|---|---|---|
| | | $x$ | $y$ | $m_x$ | $m_y$ |
| 1 | RX01 | 2999.9995 | 6000.0003 | 0.3 | 0.3 |
| 2 | RX17 | 3024.1851 | 6000.8441 | 0.5 | 0.6 |
| 3 | RX18 | 3020.5242 | 6012.8279 | 0.6 | 0.9 |
| 4 | RX19 | 3013.3431 | 6020.5463 | 0.4 | 0.4 |
| 5 | RX20 | 2999.1538 | 6024.1844 | 0.7 | 0.7 |
| 6 | RX21 | 2987.1764 | 6020.5201 | 0.7 | 0.5 |
| 7 | RX22 | 2978.6331 | 6011.3599 | 0.4 | 0.3 |
| 8 | RX23 | 2975.8159 | 5999.1549 | 0.8 | 0.7 |
| 9 | RX24 | 2979.4776 | 598701754 | 0.6 | 0.7 |
| 10 | RX25 | 2986.6572 | 5979.4532 | 0.3 | 0.3 |
| 11 | RX26 | 3000.8447 | 5975.8156 | 0.6 | 0.6 |
| 12 | RX27 | 3012.8236 | 5979.4775 | 0.6 | 0.6 |
| 13 | RX28 | 3021.3656 | 5988.6389 | 0.3 | 0.3 |

## ◎ 思考题

1. 简述确定精度指标过程中等影响原则和可忽略原则的含义。
2. 简述核电工程测量初级网的作用。
3. 简述核电工程测量次级网的作用及构成。
4. 简述核电工程测量微网的作用。
5. 分组讨论：在核电工程建设过程中，采用水准测量方法，在不同楼层间传递高程时，为保证高程成果质量，具体实施中应采取的技术措施及注意事项。

# 第4章　核电厂建筑施工测量

核电厂建筑施工测量的主要任务，是配合建筑施工单位完成核电厂核岛(包括核反应堆厂房、核燃料厂房、电气厂房及核辅助厂房等)和常规岛(包括汽轮机厂房、冷却水泵房和水处理厂房等)基础设施的施工放样任务。建筑施工放样是把施工图纸上已经设计好的各种工程建筑物、构筑物和设备基础、预埋件等，按照设计图纸的要求测设到相应的实地位置上，并设置各种标志，为各工序的施工提供位置基准，从而保证建筑工程符合设计要求。对精度要求较高的结构、设备及构件，在放样工作结束后，宜进行同等精度的检查测量，并随同定位放样记录做好检测报告，供施工、监理和建设单位有关部门检查验收。本章首先介绍施工放样的基础知识，再结合核电工程设计文件，介绍主要部件放样的精度要求，最后结合核电站典型工程放样实例，介绍核电厂重要设施放样的主要内容、方法和实施过程。

## 4.1　施工放样的方法

通常情况下，设计图纸所表示的建筑物轮廓或特征点位置，通过计算，能以点的坐标形式表达。施工放样即在待建的场地上，确定与设计坐标对应的实地位置，并以相应的标记表示出来。和测量工作的基本要素一致，放样工作的基本要素也包括角度、距离和高程。按放样方法及放样成果精度，放样方法可分为直接放样与归化放样两种。直接放样法是利用测量仪器，直接得到放样要素，如点的位置、方向线、角度、距离和高程等，放样过程中很少有多余观测，是一种简单直接的放样方法；归化放样法则是为了提高放样精度，先放样过渡点，并在过渡点上设置临时标志，随即测量放样点与过渡点之间的偏差，然后将放样点归化到更精确的位置上，从而实现放样元素的准确定位。

### 4.1.1　基本元素的放样

1. 角度放样

角度放样，是指从一个已知方向出发，放样出另一个设计方向，使它与已知方向间的夹角等于设计角度。

如图4-1-1所示，设地面上有两个已知的控制点$A$和$B$，待放样的角度为$\beta$，要求在地面上设置另一方向线$AP$，使$\angle BAP=\beta$。放样过程如下：

将经纬仪或全站仪安置在已知点$A$，用盘左瞄准$B$点，读取读盘读数；松开照准部

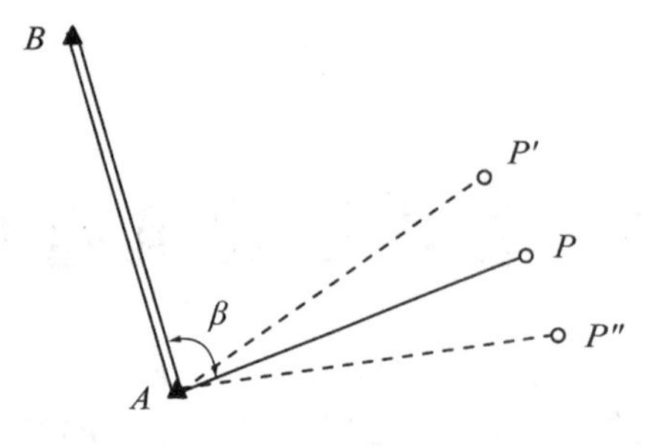


图 4-1-1　角度直接放样法

向右旋转，当读盘读数增加 $\beta$ 角值后，在视线方向上定出 $P'$ 点，然后倒转望远镜(盘右)，再用上述步骤在视线方向上定出另一点 $P''$，取 $P'$ 和 $P''$ 点连线的中心点为 $P$，则 $\angle BAP$ 就是要放样的 $\beta$ 角。为加强检核效果，提高成果质量和可靠性，可以用新的控制点 $C$ 定向，按上述操作步骤，对 $P$ 点再放样一次，比较两次放样结果的偏差，检核放样成果质量。

2. 距离放样

距离放样是将设计的已知距离 $s$ 在实地上标定出来，即按给定的起点和方向，标定出另一个端点。当用钢尺放样时，则必须先对设计长度进行尺长（$\Delta l$）、温度（$\Delta t$）和倾斜($\Delta h$) 改正，然后用改正后的放样尺寸 $s'$ 在现场标定，其改正过程正好与距离测量时相反，即：

$$s' = s - \Delta l - \Delta t - \Delta h \tag{4-1-1}$$

**例 4-1-1**　设某设计距离为 80m，若已测得 2 个放样端点间的高差为 0.450m，放样时的温度为 28℃，放样时的拉力与钢尺检定时拉力相同，所用钢尺的尺长方程式为

$$l = 30 + 0.0035 + 0.0000125 \times (t - 20℃)$$

试计算实地放样时钢尺读数。

**解**：根据式(4-1-1)，得

$$\begin{aligned} D_{放样} &= 80 - \frac{0.0035}{30} \times 80 - 0.0000125 \times 80 \times (28 - 20) + \frac{0.45^2}{2 \times 80} \\ &= 80 - 0.0093 - 0.0080 + 0.00013 \\ &= 79.9840\text{m} \end{aligned}$$

验证：测得放样点与已知点间的斜距和高差分别为 79.984m 和 0.45m，则实际水平距离为

$$\begin{aligned} D_{实际} &= 79.984 + \frac{0.0035}{30} \times 79.984 + 0.0000125 \times 79.984 \times (28 - 20) - \frac{0.45^2}{2 \times 79.984} \\ &= 79.984 + 0.0093 + 0.0080 - 0.0013 \\ &= 80.0000\text{m} \end{aligned}$$

即用该钢尺实地放样，当放样距离为 79.984m 时，即实地距离为 80m。

3. 高程放样

高程放样的目的，是保障工程施工满足设计图纸对施工要素高程方面的要求。在核电工程施工中，经常需要进行高程或高程基准的放样。如基坑开挖时逐层放样坑底开挖基准线；场地平整时，需要按设计要求放样一系列有规律布置点的高程；浇筑设备基础、墙体等，施工前需要在模板上放样混凝土浇筑高度的高程控制基准线；房屋基础面、各楼层地面的高程与平整度控制等，都需要进行高程放样工作。

核电工程施工中的高程放样一般采用水准仪视线高法。如图 4-1-2 所示，高程放样时，设地面有已知高程点 $A$，其高程为 $H_A$，待放样位置 $B$ 处的设计高程为 $H_B$，要求在实地放样出与设计高程一致的高程基准线。设 $a$ 为水准点 $A$ 上水准尺上的前视读数，待放样高程处水准尺的后视读数 $b$ 可由式(4-1-2)计算得到。

$$b = H_A + a - H_B \tag{4-1-2}$$

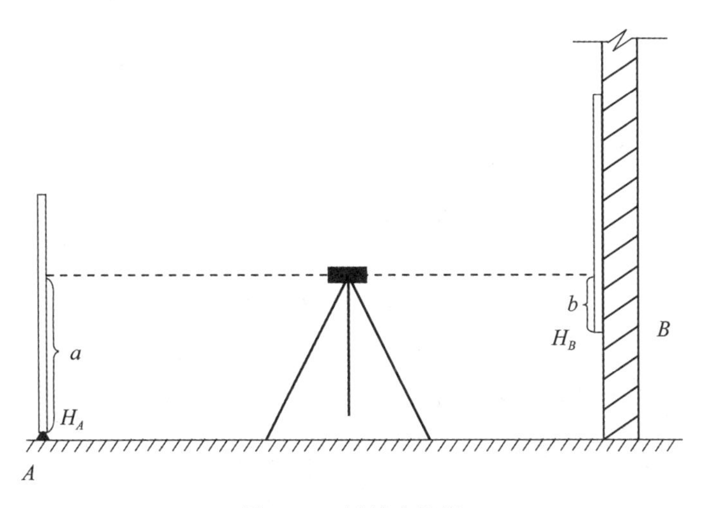


图 4-1-2 视线高放样

**例 4-1-2** 如图 4-1-2 所示，$A$ 为已知高程点，$H_A = 75.678\text{m}$，设放样位置 $B$ 处的设计高程为 $H_B = 75.828\text{m}$，若后视读数 $a = 1.050\text{m}$，试求 $B$ 处水准尺读数为多少时，尺子底部就是设计高程 $H_B$。

**解**：根据式(4-1-2)，有

$$b = H_A + a - H_B = 75.678 + 1.050 - 75.828 = 0.900\text{m}$$

### 4.1.2 直接放样法

设计图纸上建筑物、设备基础或预埋件等的位置，通过设计给定的施工坐标系和相对位置关系，经过计算，能以相应特征点坐标的形式表达出来。因此，建筑施工放样，实际上是一系列特征点的放样。点的平面放样方法，有极坐标法、前方交会法、后方交会法、坐标法等。不论采用哪种方法放样，都要求至少具有两个已知控制基准点，在此基础上，根据放样点的设计位置，可结合设备或工具情况、设计文件要求和施工场地条件等，选择合适的放样方法。

全站仪具有操作简便，测量精度高等特点，在核电施工测量中运用广泛。结合全站仪的功能和操作特点，核电施工中广泛采用极坐标法和自由设站法放样，对部分精度要求较高的点位，则采用归化法放样。

1. 极坐标法

如图 4-1-3 所示，设 $A$、$B$ 为已知点，$P$ 为待放样点，其设计坐标已知。综合角度与距离元素放样过程，首先在 $A$ 点上架设全站仪，放样设计的角度值 $\beta$，确定 $AP'$ 方向线，再从 $A$ 点出发，放样距离 $s$，即得待定点 $P$ 的位置。点位放样是一个逐次趋近的过程，一般需要重复几次才能最终确定点的实地位置。

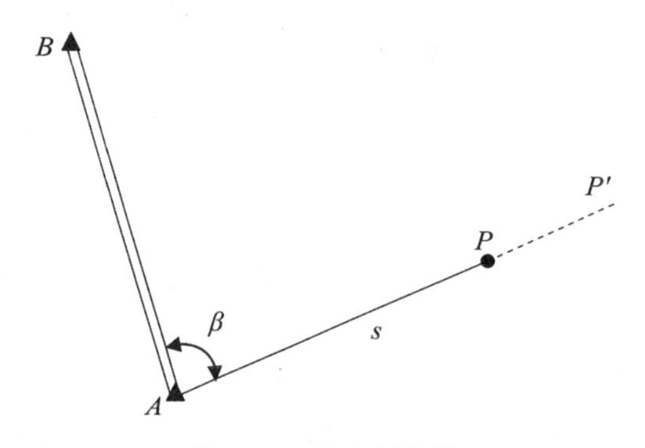


图 4-1-3　极坐标放样

极坐标法的放样元素 $\beta$ 和 $s$ 由点 $A$、$B$ 和 $P$ 的坐标通过坐标反算得到，即：

$$\beta = \alpha_{AP} - \alpha_{AB} = \arctan\left(\frac{y_P - y_A}{x_P - x_A}\right) - \arctan\left(\frac{y_B - y_A}{x_B - x_A}\right) \tag{4-1-3}$$

$$s = \sqrt{(x_P - x_A)^2 + (y_P - y_A)^2} \tag{4-1-4}$$

值得注意的是，如图 4-1-4 所示，$A$ 为测站控制点，$B$ 为后视方向控制点，设仪器对中的真误差为 $e$，它在两坐标轴方向的分量分别为 $e_x$ 和 $e_y$。由于对中误差的存在，将使放样点由正确位置 $P$ 移至 $P'$。根据参考文献[12]，仪器对中误差对放样点位精度的影响，可按下述表达式计算

$$m^2 = m_e^2 + \frac{s}{c}\left(\frac{s}{c} + 2\cos\beta\right) m_{e_y}^2 \tag{4-1-5}$$

式中，$c$ 为测站点 $A$ 至定向点 $B$ 间的距离；$s$ 为放样距离；$\beta$ 为放样角度。

由式(4-1-5)可以看出：

(1) $P$ 点距离已知点越远，放样中误差 $m$ 越大，随着放样距离 $s$ 的增加，其影响按距离的平方增加；

(2) 当 $m_e$ 保持一定时，$\frac{s}{c}$ 与 $m_{e_y}$ 越大，$m_e$ 对 $P$ 点的位置所发生的影响越大。

因此，放样作业时，为提高作业效率和放样成果精度，仪器应尽量安置在作业区附

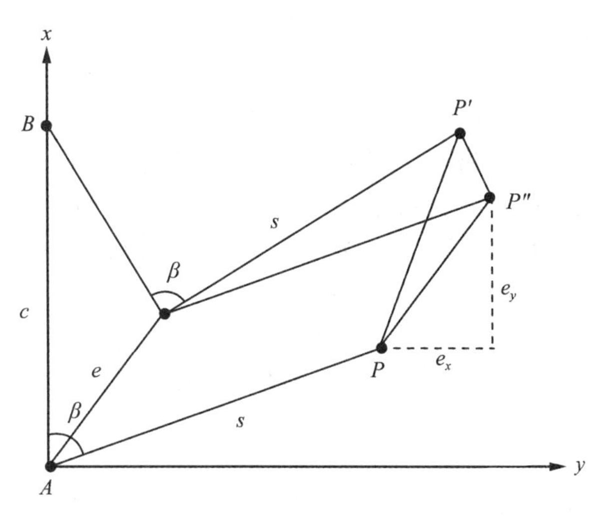


图 4-1-4 仪器对中误差

近，且尽可能用距离测站较远的已知点定向，并要特别注意后视方向的对中。

**例 4-1-3** 如图 4-1-3 所示，控制点 $A$、$B$ 和放样点 $P_1$、$P_2$ 的坐标是已知的，见表 4-1-1。按极坐标放样方法，计算测站点到放样点的放样元素(即方位角 $\alpha$ 和平距 $s$)。

表 4-1-1 **放样元素计算表**

| 点号 | $X$ | $Y$ | 放样元素 |
|---|---|---|---|
| $A$ | 1236.310 | 578.234 | $s_{AP_1}$ = 25.083m |
| $B$ | 1120.454 | 529.401 | $\alpha_{AP_1}$ = 169°38′56″ |
| $P_1$ | 1211.635 | 582.741 | $s_{AP_2}$ = 57.019m |
| $P_2$ | 1185.409 | 552.539 | $\alpha_{AP_2}$ = 206°47′05″ |

**解：** 根据式(4-1-5)，考虑对中误差对放样点位精度的影响，应该选择离放样点较近的控制点为测站点。根据已知条件，可得：

$$s_{AP_1} = 25.083\text{m},\quad s_{AP_2} = 57.019\text{m},\quad s_{BP_1} = 105.637\text{m},\quad s_{BP_2} = 68.953\text{m}$$

因此，宜以控制点 $A$ 为测站点。根据坐标反算公式，可得放样时的方位角元素：

$$\alpha_{AP_1} = 169°38'56'',\quad \alpha_{AP_2} = 206°47'05''$$

将测站点 $A$ 上计算的放样距离元素，填入放样元素计算表中相应位置，如表 4-1-1 所示。

选择极坐标法放样，需要事先根据已知的控制点坐标值计算放样元素，而放样元素的计算是根据仪器安置位置确定的，如果位置发生变化，则要重新计算放样元素。

随着全站仪的功能不断丰富，源于极坐标法的全站仪内置坐标放样法，已无须事先计算放样元素，只需知道放样点的坐标即可，操作方便。在图 4-1-3 中，全站仪安置在

已知点 $A$ 上，只要输入测站点 $A$、后视点 $B$ 以及待放样点 $P$ 的坐标，瞄准后视点定向，按下定向功能键，仪器会自动将测站与后视的方位角设置在该方向上；按下放样键，仪器会在屏幕上用左右箭头提示该往左或往右旋转，指示仪器瞄准至设计的方向线上；将棱镜安置在设计方向线上，按测量距离键，仪器会提示棱镜移动方向和距离，直到完成点位的放样。实际操作时，可先在放样点附近确定方向线，既可控制后续调整棱镜位置时移动的方向，还可以为距离改化提供方向基准，从而提高工作效率。放样其他点时，只要重新输入或调用相应放样点的坐标即可。

用全站仪放样，可根据具体情况，输入气象元素，即作业场所的温度和气压等，仪器会自动进行气象改正。用全站仪内置的坐标放样程序放样，减少了人工计算，且操作直观、方便。

2. 自由设站法

当放样场所周围控制点较多，则可任意选择在合适位置安置仪器，用全站仪观测两个或两个以上控制点的方向或距离，即可得到设站点的平面坐标。在此基础上，以极坐标法或坐标放样法，放样其他点的位置。目前，大多数厂家生产的全站仪都具有自由设站法放样的功能。

1) 自由设站法求测站点坐标的原理

如图 4-1-5 所示，$j$ 是测站点，$h$ 和 $k$ 是已知点，$L_{jh}$ 和 $L_{jk}$ 是照准相应已知点时的方向观测值，$jj_0$ 是测站 $j$ 的零方向，$Z_j$ 是测站 $j$ 的定向角，即测站零方向的方位角。

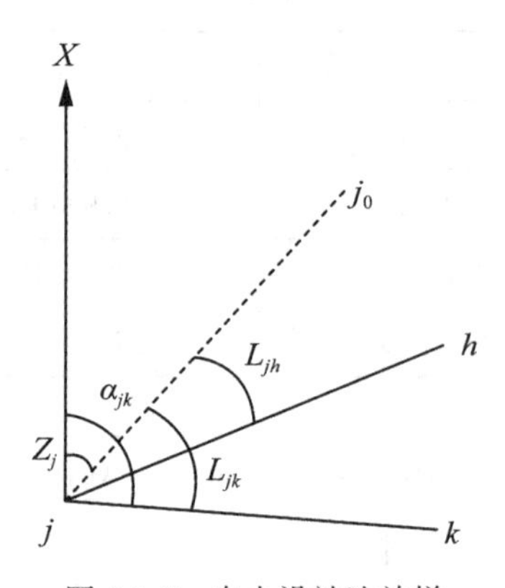


图 4-1-5　自由设站法放样

按间接平差理论，以 $L_{jk}$ 方向观测值为例，其误差方程形式为：

$$v_{jk} = -\hat{z}_j + a_{jk}\hat{x}_j + b_{jk}\hat{y}_j - l_{jk} \tag{4-1-6}$$

式中，

$$a_{jk} = \frac{\rho''\sin\alpha_{jk}^0}{S_{jk}^0},\quad b_{jk} = -\frac{\rho''\cos\alpha_{jk}^0}{S_{jk}^0},\quad l_{jk} = L_{jk} - (\alpha_{jk}^0 - Z_j^0)$$

由式(4-1-6)可知，方向观测值中有 3 个未知参数，只要有任意 3 个方向观测值，即可列出 3 个观测值方程，从而唯一确定测站点的坐标。根据参考文献[4]，由间接平差原理，可灵活选择观测值，即测站点到不同照准点间的方向或距离的任意组合，如观测 3 个已知点方向，或观测 1 个距离及 2 个方向等，均可得到测站点坐标。当控制点较多，测站上有更多的多余观测值时，还可利用最小二乘准则，在求出测站点坐标平差值的同时，还可以评定测站点坐标成果的精度，提高测量成果的质量。

由于只有一个待定点，自由设站法测站点坐标计算及精度评定的计算工作量较小，该工作既可由全站仪的内置程序完成，也可以在便携计算器上编制小程序，输入外业观测值后，即可实现测站点坐标及点位精度的自动计算。

2) 自由设站法放样

任意选择测站位置，通过观测测站点到已知点的方向或水平距离，即可得到测站点坐标，在此基础上，用极坐标法或直接坐标法放样。

自由设站法是后方交会法与极坐标法的完美结合，克服了极坐标法中仪器设站点坐标必须在已知点上设站的不足，增加了放样工作的灵活性。核电工程测量中，经常涉及不同厂房、设备基础等大量施工要素的定位基准点、定位基准线的放样工作，借助次级网点或微网点，采用自由设站法放样，仪器安置位置可根据施工环境及放样内容灵活选择，提高了放样工作的效率，是施工测量中运用最多的放样方法。

### 4.1.3 归化法放样

对部分精度要求较高、需要精密放样的点位，通常采用归化法放样。归化法放样的思路是：先采用直接放样方法，放样出目标点的过渡性标记，再对过渡标记进行精确测量，求出过渡性标志与设计位置的偏差，然后根据偏差将其改正(又称归化)到设计位置。重复几次，配合精密量具和微调装置，高精度地确定放样点实地位置。归化法放样将放样与测量过程结合，提高了放样成果的精度。

以角度归化法放样为例，如图 4-1-6 所示，在 $A$ 点安置全站仪，先用直接放样法放样角度 $\beta$，定出 $P'$ 点，再用适当的测回数较精密地测出 $\angle BAP'=\beta'$，量取 $A$ 点到 $P'$ 点的距离 $s_{AP'}$，然后将 $\beta'$ 与设计值 $\beta$ 比较，求得差值 $\Delta\beta=\beta-\beta'$，计算归化量

$$\Delta p=\frac{\Delta\beta}{\rho}s_{AP'} \tag{4-1-7}$$

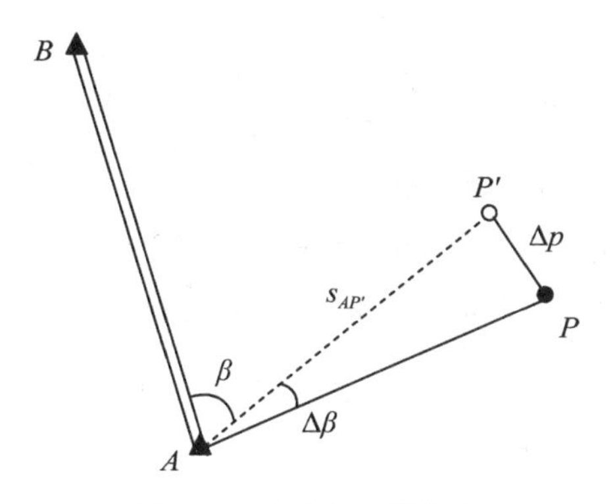


图 4-1-6　归化法放样角度

最后从 $P'$ 点出发，在 $AP'$ 的垂直方向上根据计算结果归化，即可求得待定点 $P$。

**例 4-1-4**　如图 4-1-6 所示，已知场地上 $A$、$B$ 两个控制点，要求放样直角，即 $\angle BAP = 90°$。用测回法三测回已测得 $\angle BAP' = 89°59'30''$，量得 $A$、$P'$ 两点之间的距离 $s_{AP'} = 50\text{m}$，试描述归化法放样的过程。

**解**：由式(4-1-7)，有：

$$\Delta p = \frac{\Delta\beta}{\rho}s_{AP'} = \frac{30''}{206265''} \times 50000 = 7.3\text{mm}$$

过 $P'$ 点作 $AP'$ 的垂线 $P'P$，沿 $AB$ 顺时针方向，即向外测量距 $s_{P'P} = 7.3\text{mm}$，则 $\angle BAP$ 即为直角。

**例 4-1-5**　某工程点 $P$，要求放样后极限误差不大于 1.0cm，使用全站仪极坐标法放样，$P$ 点与测站点距离为 80.0m。如果仅考虑测角、测距两项误差的影响，问：

(1)在测距误差可忽略时，测角误差 $m_\beta$ 和测距误差 $m_s$ 应是多少？

(2)若采用标称精度为一测回方向观测中误差 5″，测距精度为 $5\text{mm} + 5 \times 10^{-6} \times D$ 的全站仪，应采用直接放样法还是归化放样法？

**解**：(1)放样点中误差

$$m = \sqrt{\left(\frac{m_\beta}{\rho} \times s\right)^2 + m_s^2}$$

取 2 倍中误差为极限误差，则放样点中误差为：

$$m = \frac{1}{2} \times \Delta_{限} = \frac{1}{2} \times 10 = 5\text{mm}$$

当测距误差可忽略时，依式(3-1-6)，则：

$$m_s = \frac{1}{3} \times m = \frac{1}{3} \times 5 = 1.6\text{mm}$$

由于

$$\frac{m_\beta}{\rho} \times s = m$$

则有

$$m_\beta = \frac{m \times \rho}{s} = \frac{5 \times 206265}{80000} = 12.9''$$

(2)采用直接放样方法时，测距中误差：

$$m_s = 5 + 5 \times D = 5 + 5 \times 0.08 = 5.4\text{mm}$$

设一测回方向观测中误差为 $m_\alpha$，则一测回角度观测中误差 $m_1$：

$$m_1 = \sqrt{2}m_\alpha$$

半测回角度观测中误差 $m_2$：

$$m_2 = \sqrt{2}m_1 = \sqrt{2} \times \sqrt{2}m_\alpha = 2m_\alpha = 10''$$

$$m = \sqrt{\left(\frac{m_2}{\rho} \times s\right) + m_s^2}$$

$$= \sqrt{\left(\frac{10}{206265} \times 80000\right)^2 + 5.4^2}$$

$$= 6.6\text{mm} > 5\text{mm}$$

因此，采用直接放样法时，点位中误差超出了限差，说明采用该精度的全站仪，用直接放样方法得到的结果不能满足题中要求，因此应该采用归化法放样。

## 4.2 主要建筑部件或构件的限差和放样方法分析

核电厂建设过程中施工放样的目的，是将设计在图纸上的建筑物、构筑物或设备基础、预埋件等，按设计要求，在拟建位置准确标定出来，为后续施工提供位置和高程基准。因此，在放样工作开始前，应收集与放样内容有关的技术资料，特别是有关的设计文件、技术要求和相应规范，明确放样部位的限差与技术要求。

核电厂建筑或设备的放样限差，是制定放样方案的依据，在核电施工测量中，具有十分重要的意义。本节对主要建筑构件、设备基础或预埋件等的放样限差进行了归纳，为明确放样目标、制定放样方案提供了依据，为保证测绘成果放样质量、更好地服务于核电厂工程建设提供技术支持；其次，以墙(柱)中心线和预埋件等位置限差要求为例，结合极坐标放样方法，对放样过程中测绘仪器或工具如何合理选择进行了分析。

### 4.2.1 主要建筑或构件放样限差

1. 混凝土工程及普通预埋件

混凝土工程及普通预埋件的允许偏差应符合表 4-2-1 的规定。

表 4-2-1 **混凝土工程及普通预埋件允许偏差**

| 项　目 | 内　容 | 允许偏差/mm |
| --- | --- | --- |
| 垫层、墙、柱、基础、模板 | 平面位置控制线 | ±10 |
| | 标高线 | ±10 |
| 各施工层上放样 | 轴线位置 | ±10 |
| | 墙、梁、柱边线 | ±10 |
| 预埋件 | 位置、标高 | ±10 |
| 预埋螺栓 | 中线位置 | ±5 |
| 预埋管 | 中线位置 | ±5 |
| 预留洞 | 中线位置 | ±10 |

2. 核电厂房及其附属结构

核电厂房及其附属结构的允许偏差应符合表 4-2-2 的规定。

表 4-2-2　**核电厂房及其附属结构的允许偏差**

| 项　目 | 内　容 | | 允许偏差/mm |
|---|---|---|---|
| 钢衬里 | 衬里平整度 | | ±15(2m 长度最大起拱值小于 5mm) |
| 筒体 | 径向位置(半径) | | ±50 |
| 截锥体 | 位置、标高 | | ±50 |
| 环形吊车牛腿 | 位置 | | ± 25 |
| | 顶面标高 | | 0 ~ 5 |
| 支撑环 | 中线位置 | | ± 3 |
| 柱 | 中心线偏离轴线位置 | | ± 5 |
| | 上下柱接口中心线位置 | | ± 3 |
| | 垂直度 | $H \leqslant 5$m | ± 5 |
| | | 5m $< H \leqslant$ 10m | ± 10 |
| | | $H \geqslant 10$m | $H$/1000，且 $\leqslant$ 20 |
| | 牛腿上表面和柱顶标高 | $H \leqslant 5$m | 0 ~ − 5 |
| | | $H > 5$m | 0 ~ − 8 |
| 梁或吊车梁 | 中心线对轴线位置 | | ± 5 |
| | 梁上表面标高 | | 0 ~ − 5 |

注：$H$ 为柱子高度，单位为 m。

3. 核岛主要设备预埋件

1) 核岛主系统设备预埋件

核岛主系统设备预埋件的允许偏差应符合表 4-2-3. 1 的规定。

表 4-2-3. 1　**核岛主系统设备预埋件允许偏差**

| 预埋件分类 | 允许偏差/mm | | |
|---|---|---|---|
| | 平面 | 平整度 | 标高 |
| 蒸汽发生器下部水平支撑预埋件 | ± 10 | 5 | ± 3 |
| 蒸汽发生器上部水平支撑预埋件 | ± 10 | 5 | ± 3 |
| 主管道过渡段支架预埋件 | ± 10 | 10 | ± 5 |
| 阻尼器埋件 | ± 10 | 10 | — |

续表

| 预埋件分类 | 允许偏差/mm | | |
| --- | --- | --- | --- |
| | 平面 | 平整度 | 标高 |
| 稳压器垂直支撑预埋件 | ±10 | — | 0 ~ 10 |
| 稳压器水平防甩支撑预埋件 | ±10 | 10 | — |
| 主管道穿墙套管 | ±10 | — | ±5 |
| 蒸汽发生器和冷却剂泵垂直支撑预埋件 | ±10 | 10 | ±3 |

2)反应堆压力容器环形支撑

反应堆压力容器环形支撑在二次灌浆前后的允许偏差应符合表 4-2-3.2 的规定。

表 4-2-3.2 **反应堆压力容器环形支撑在二次灌浆前后的允许偏差**

| 序号 | 项　　目 | | 允许偏差/mm |
| --- | --- | --- | --- |
| 1 | 平面位置尺寸 | *X* 方向 | ±0.5 |
| | | *Y* 方向 | ±0.5 |
| 2 | 标高 *Z* 方向 | | ±1.0 |
| 3 | 平整度 | | 0.5 |

3)反应堆压力容器

反应堆压力容器的允许偏差应符合表 4-2-3.3 的规定。

表 4-2-3.3 **反应堆压力容器的允许偏差**

| 序号 | 项　　目 | | 允许偏差/mm |
| --- | --- | --- | --- |
| 1 | 平面位置尺寸 | *X* 方向 | ±0.5 |
| | | *Y* 方向 | ±0.5 |
| 2 | 标高 *Z* 方向 | | ±0.5 |
| 3 | 平整度 | | 0.16 |
| 4 | 侧向间隙 | | (0，+0.1) |

4)堆腔密封环

堆腔密封环的允许偏差应符合表 4-2-3.4 的规定。

表 4-2-3.4　　**堆腔密封环的允许偏差**

| 序号 | 项　　目 | 允许偏差/mm |
| --- | --- | --- |
| 1 | 上部支撑环平行度 | ≤2 |
| 2 | 上部支撑环内径 | ±5 |
| 3 | 凸缘上表面与密封环槽底间的距离 | ±2 |

5)蒸汽发生器垂直支撑基板

蒸汽发生器垂直支撑基板在二次灌浆前后的允许偏差应符合表 4-2-3.5 的规定。

表 4-2-3.5　　**蒸汽发生器垂直支撑基板在二次灌浆前后的允许偏差**

| 序号 | 项　　目 | | 允许偏差/mm |
| --- | --- | --- | --- |
| 1 | 垂直支撑基板标高 | | ±3 |
| 2 | 垂直支撑基板平整度 | | 1 |
| 3 | 垂直支撑基板 | 位置尺寸 | ±2 |
| | | 角度 | ±30″ |
| 4 | 垂直支撑 | 位置尺寸 | ±2 |
| | | 角度 | ±30″ |
| 5 | 垂直支撑垂直度(热态) | | ±5 |

6)蒸汽发生器水平支撑

蒸汽发生器水平支撑允许偏差应符合表 4-2-3.6 的规定。

表 4-2-3.6　　**蒸汽发生器水平支撑允许偏差**

| 序号 | 项　　目 | | 允许偏差/mm |
| --- | --- | --- | --- |
| 1 | 下部水平支撑最终安装位置 | | ±5 |
| 2 | 下部水平支撑最终安装标高 | | ±5 |
| 3 | 下部水平支撑挡架与挡块的间隙 | 前端 | ±4 |
| | | 两侧 | ±2 |
| 4 | 蒸汽发生器上部支撑环标高 | | ±10 |
| 5 | 上部滑板与蒸汽发生器支撑环间间隙<br>(二次灌浆前后进行检查) | 主泵对面侧(30mm) | ±5 |
| | | 主泵侧(30mm) | ±5 |
| 6 | 阻尼器基板平面度(二次灌浆前后进行检查) | | 0.15/800 |
| 7 | 阻尼器基板安装标高(二次灌浆前后进行检查) | | ±10 |

续表

| 序号 | 项　　目 | 允许偏差/mm |
|---|---|---|
| 8 | 阻尼器基板安装垂直度(二次灌浆前后进行检查) | ±2 |
| 9 | 阻尼器支座中心标高 | ±15 |

7)蒸汽发生器

蒸汽发生器允许偏差应符合表4-2-3.7的规定。

表4-2-3.7　**蒸汽发生器允许偏差**

| 序号 | 项　　目 | 允许偏差/mm |
|---|---|---|
| 1 | 设备垂直度(约9m高处测量) | ±5 |
| 2 | 蒸汽发生器热段入口管嘴中心标高 | ±2 |

8)主泵泵壳

主泵泵壳允许偏差应符合表4-2-3.8的规定。

表4-2-3.8　**主泵泵壳允许偏差**

| 序号 | 项目 | 允许偏差/mm |
|---|---|---|
| 1 | 泵壳上表面标高 | ±1 |
| 2 | 泵壳上表面平整度 | 2 |

9)稳压器支撑

稳压器支撑允许偏差应符合表4-2-3.9的规定。

表4-2-3.9　**稳压器支撑允许偏差**

<table>
<tr><th>序号</th><th colspan="2">项　　目</th><th>允许偏差/mm</th></tr>
<tr><td rowspan="3">1</td><td rowspan="3">稳压器支撑环板</td><td>平整度</td><td>≤1</td></tr>
<tr><td>标高</td><td>±2</td></tr>
<tr><td>位置尺寸</td><td>±7</td></tr>
<tr><td>2</td><td colspan="2">水平挡块标高</td><td>±20</td></tr>
<tr><td rowspan="2">3</td><td rowspan="2">水平挡块安装</td><td>轴线角向</td><td>±20</td></tr>
<tr><td>径向</td><td>±1</td></tr>
</table>

10) 稳压器

稳压器允许偏差应符合表 4-2-3. 10 的规定。

表 4-2-3. 10　**稳压器允许偏差**

| 序号 | 项　　目 | 允许偏差/mm |
| --- | --- | --- |
| 1 | 稳压器安装垂直度(8m 高处测量) | ±5 |
| 2 | 稳压器安装位置偏移量(角向) | ±7 |

11) 反应堆堆坑贯穿件

反应堆堆坑贯穿件允许偏差应符合表 4-2-3. 11 的规定。

表 4-2-3. 11　**反应堆堆坑贯穿件允许偏差**

| 序号 | 项　　目 | 允许偏差/mm |
| --- | --- | --- |
| 1 | 反应堆堆坑贯穿件安装位置 | ±1 |
| 2 | 主回路管道热段中心线标高 | ±4 |
| 3 | 防甩限位器与主回路管道间间隙 | ±15 |

4. 汽轮机机座预埋件

汽轮机机座预埋件允许偏差应符合表 4-2-4 的规定。

表 4-2-4　**汽轮机机座预埋件允许偏差**

| 序号 | 项目 | 允许偏差/mm |
| --- | --- | --- |
| 1 | 标高及中心线 | ≤2 |
| 2 | 水平倾斜度 | ≤1/2500 |
| 3 | 垂直面相对机组中心线的垂直度 | ≤1/2500 |
| 4 | 中轴线与机组中心线的平行度(准直度) | ≤1/10000 |
| 5 | 汽门台板中心线与机组中心线的平行度 | ≤1/500 |
| 6 | 直埋的地脚螺栓或钢套管铅垂偏差 | < $L$/450 |

注：$L$ 为柱子高度，单位为 mm。

### 4.2.2　施工限差对放样工作的影响

施工放样有两个常见情形，一是根据已有的测量仪器或工具类型，选择合适的放样方法；二是结合设计文件对放样目标的限差要求，选择与放样方法精度匹配的测量仪器或工具。通常情况下，受施工环境影响，全站仪极坐标放样是核电站建设中普遍采用的放样方法；其次，核电建设施工放样，以次级网或微网控制点为放样统一的起算基准，因此，控制点不影响放样目标点间的相对位置关系；此外，制定极坐标法放样方案时，无须考虑控制点误差对放样精度的影响。下面以极坐标放样方法为例，分析施工限差如何影响仪器选型。

全站仪标称精度是指通常情况下，一测回方向观测偶然中误差 $m_\beta$，一测回距离观测中误差 $a+b\times D$，其中，$a$ 为固定误差，$b$ 为比例误差系数。

1. 平面限差对放样工作影响分析

1)混凝土工程与普通预埋件

核电建筑施工过程中，大量的测绘工作是进行表 4-2-1 中混凝土工程和普通预埋件的施工放样。以表中垫层、墙、柱等平面允许位置限差±10mm 为例，结合极坐标放样方法，分析放样过程中的技术细节。

(1)根据点位限差确定点位测量精度，即点位中误差：

由 $\Delta_{限}\leqslant\pm10\text{mm}$，则 $M=5\text{mm}$。

(2)不考虑控制点的误差，点位方差与点位横向和纵向方差的关系式：

$$M^2=m_t^2+m_s^2$$

式中，$m_t$ 为观测角度时引起的横向中误差，$m_s$ 主要为观测边长时引起的纵向中误差，表达式为：

$$m_t=\frac{m_\beta}{\rho}\times s$$

式中，$m_\beta$ 为测角中误差，$s$ 为放样距离。

(3)根据等影响原则，设放样距离 $s=100\text{m}$，则有：

$$m_t^2=\left(\frac{m_\beta}{\rho}\right)^2\times100000^2=\frac{25}{2},\quad m_s^2=\frac{25}{2}$$

(4)可分别计算出测角和测距精度要求：

测角中误差：7.3″；测距中误差：3.5mm。

(5)设全站仪一测回方向观测中误差为 2″，测距中误差为 $2+2\times D$，则半测回角度观测中误差 $m_\beta=2\times2=4''$，测距中误差 $m_s=2+2\times0.1=2.2\text{mm}$。

可以看出，对于放样偏差要求为±10mm 的构件，选用标称精度方向观测中误差为 2″，测距中误差为 $2+2\times D$ 精度等级的全站仪，采用极坐标法放样，完全可以满足工程限差要求。

2)预埋螺栓或预埋管

如表 4-2-1、表 4-2-2 所示，核电厂建设过程中，预埋螺栓或预埋管等中心位置偏差限差为±5mm，虽然存在(如表 4-2-2、表 4-2-3.3 等所示)少量位置偏差为±3mm 或±0.5mm的情形，但这种精度一般属于特定区域的相对精度指标，施工过程中采用仪器现场实时跟踪与校正，很容易满足设计要求。因此，对预埋螺栓或预埋管，仍按混凝土工程放样方法，对放样方案进行讨论。

(1)工作条件与混凝土工程相同。

与1)中情形相似，仍假设放样距离为100m，选用方向观测中误差为2″，测距中误差为$2+2\times10^{-6}\times D$精度等级的全站仪，则放样的点位精度为：

$$
\begin{aligned}
M_P^2 &= m_t^2 + m_s^2 \\
&= \left(\frac{2\times 2}{206265}\times 100000\right)^2 + (2+2\times 0.1)^2 \\
&= 8.60 \Rightarrow M_P = 2.9\text{mm}
\end{aligned}
$$

取2倍中误差为极限误差，则预埋件位置偏差为±5.8mm，考虑点位标定误差和混凝土施工过程中对预埋件位置的影响等因素，因此该精度类型仪器不能满足设计文件要求。

(2)改变测站点和放样点间距离。

对预埋螺栓或预埋管等位置精度要求较高的构件放样时，为了提高工作效率和放样精度，一般将测站点设置在放样目标附近。设放样距离为20m，则放样点的点位精度：

$$
\begin{aligned}
M_P^2 &= m_t^2 + m_s^2 \\
&= \left(\frac{2\times 2}{206265}\times 20000\right)^2 + (2+2\times 0.02)^2 \\
&= 4.31 \Rightarrow M_P = 2.1\text{mm}
\end{aligned}
$$

取2倍中误差为极限误差，则预埋件位置偏差为±4.2mm。除非预埋件定位后混凝土浇筑前立即进行加固，否则考虑点位标定误差和混凝土施工过程中对预埋件位置影响等因素，该型号仪器精度仍不能满足施工要求。

(3)提高仪器精度等级。

设选用标称精度方向观测中误差为0.5″，测距中误差为$1+1\times10^{-6}\times D$精度等级的全站仪，测站距离放样点100m时，放样点位精度：

$$
\begin{aligned}
M_P^2 &= m_t^2 + m_s^2 \\
&= \left(\frac{2\times 0.5}{206265}\times 100000\right)^2 + (1+1\times 0.1)^2 \\
&= 1.45 \Rightarrow M_P = 1.2\text{mm}
\end{aligned}
$$

取2倍中误差为极限误差，则预埋件位置偏差为2.4mm，考虑操作过程中点位标定误差和施工对预埋件位置的影响，通常情况下仪器精度已能满足要求。

除特殊条件下，对相对精度要求较高的部件采用实时跟踪定位外，当构件相对次级或微网控制点的放样精度限差小于5mm时，采用直接放样法一般不能满足设计要求，必须根据具体情况分析，采用归化法放样或其他放样方案。

2. 高程限差对放样工作影响分析

设水准仪标称精度为$m_i$，即每千米观测值高差中数偶然中误差为$\pm m_t$(单位为mm)。高程放样时，测站离高程放样点或检查点距离一般都较近。设视线长度为20m。按协因数传播律，每测站高差中数中误差$m_{\bar{h}}$：

$$m_{\bar{h}} = \frac{m_i}{\sqrt{50}}$$

每测站高差观测值中误差 $m_h$ :

$$m_h = 2m_{\bar{h}}$$

对放样点或高程检测点的影响限值 $\Delta_{限}$:

$$\Delta_{限} = 2m_h = \frac{4m_i}{\sqrt{50}}$$

设 $m_i = \pm 3\text{mm}$，代入上述表达式，则 $\Delta_{限} = \pm 1.7\text{mm}$，可以发现，考虑混凝土施工等其他因素对构件高程的影响，通常情况下，当构件高程限差小于±5mm 时，采用 $S_3$ 型水准仪即可满足设计要求，否则，需要采用更高精度的仪器或采用其他措施。

### 4.2.3 注意事项

工程放样时，现场各种控制点、线及部件的测量放线标识应清楚、准确，迹线应清晰耐久。轴线或基础线划标记时，线宽应小于 1.5mm。

测量工作结束后，应及时整理测量成果，形成定位放线记录。当成果超过允许偏差时，应检查资料和计算过程，必要时进行复测，直至成果满足设计文件要求。

对重要和精度要求较高的结构、设备或构件放样，应提前编制专用的测量程序或技术方案，施工放样前进行技术交底。放样工作结束后，进行同等精度的独立检查测量，编制检测报告。施工单位的定位放线记录和检查记录，按测量文件程序管理规定，报有关单位进行检核验收。

## 4.3 典型构件放样案例分析

下面分别以国内某并网发电的核电站中的 3 号机组牛腿安装及 6 号机组穹顶吊装工程为例，结合施工工艺，详细说明测量工作在施工过程中，如何与其他专业工种协调配合，共同保障设备准确定位，指导核电建设施工有序进行。

### 4.3.1 环吊牛腿施工测量

核电站环形吊车(简称环吊)牛腿，其结构外形如图 4-3-1 所示，是安全壳内环吊运行时的支撑组件，和筒身钢衬里壁板焊接后锚固在安全壳的混凝土环墙中。牛腿顶面安装环吊梁，在环梁上按设计要求准确安装环轨。该核电站 3 号机组，在核岛钢衬里筒体第 8 层处，需安装 45 个牛腿，牛腿整体尺寸高×长×宽分别为 2510mm×1676mm×1252mm，重约 5.2t，将 20mm 衬里加厚板与筒身钢衬里 6mm 壁板通过组对焊接后连接成整体，加厚板内径为 22.500m。

根据安装施工方案，牛腿安装作业顺序依次为：钢衬里壁板上安装位置放样→提交测量定位放线报告→经验收合格后在壁板上初次划线→预切割衬里板→牛腿吊装就位→将加劲板与衬里板贴合→加劲板与钢衬里板中心十字线重合→沿加劲板边缘在钢衬里壁

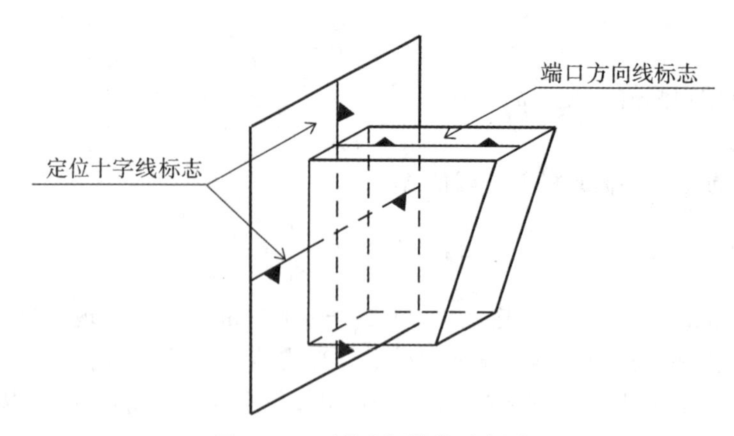


图 4-3-1　环吊牛腿结构示意图

板上二次划线→沿控制线第二次准确切割衬里板→焊缝组对→检查定位尺寸→焊接→焊缝检验→牛腿固定设施等施工→油漆修补。

牛腿安装完工后，主要精度指标要求如下：轴线偏差≤±25mm，每个牛腿上翼缘板环吊轨道安装范围内高差在 0 ~ 5mm 之间。

方案中，保证牛腿安装后平面位置与顶面高程满足设计要求的关键，一是筒身壁板对应牛腿安装中心位置标记的十字线位置准确；二是要求牛腿安装时端口方向线正对反应堆中心。安装用十字线提供平面与高程位置基准，首先供牛腿吊装后初步定位以及焊接前组对时用于壁板二次切割时精确定位；其次控制牛腿端口朝向，保证牛腿径向线指向环吊的圆心。端口调整一般在牛腿与钢衬里壁板组对结束后进行，满足设计要求后加固并焊接成形，待牛腿处筒身混凝土墙体稳定后方可拆除加固设施。

1. 平面位置放样(十字线竖线定位)

1)仪器安置

调节反应堆中心专用测量竖井架至适当高度，安置全站仪，严格对中、整平，以反应堆微网点定向，并用其他 3 个相差约 90°的微网点进行方向检查，要求方向值差最大不符值≤±120″，否则调整仪器中心位置，直到满足定向要求。

2)定位十字线中的竖线放样

仪器安置好后，以任意一个微网点定向，按牛腿中线设计角度，在筒身钢衬里壁板设计位置的上、中、下各放样一点，并用尺连成直线。直线长度超过牛腿加劲板尺寸，使壁板切割后仍保留竖直方向中心线标识。

2. 高程放样(十字线横线定位)

1)建立统一的安装高程基准

由于牛腿数量较多，施工时间较长，为便于控制牛腿安装高度，需要在施工面适当位置处设置统一基准点。以反应堆底层堆芯处的高程控制点为基准点，采用悬挂钢尺法，测出筒身第 8 层钢衬里壁板顶部预先设置好的高程标志点的高程，要求高程标志点稳定，便于立尺。高程传递时，要进行尺长和温度改正，钢尺悬挂的重锤重量与检定时的拉力相同。高程传递要进行两次，两次高差不符值≤±3mm。

2)十字线横线定位

以引测的高程基准点为已知点，放样第1个牛腿安装高程基准线：在牛腿平面位置中心线两侧各放样一个高程点，用直尺连线成基准线(即十字线横线)，十字线横线长度超过牛腿加劲板宽度，以便钢衬里壁板切割后与牛腿加劲板组对。放样其他牛腿十字线横线位置时，则以第1个牛腿标高线为基准，并考虑高差、平整度等设计要求。经验表明，高差不符值在0 ~ 3mm之间时，可满足后续安装工艺要求。

3. 牛腿安装端口方位控制

牛腿安装组对结束，即钢衬里壁板上的基准十字线与牛腿加劲板上标志十字线重合后，在焊接固定牛腿位置前，仍将全站仪安置在测量专用竖井架上，指挥安装人员调整牛腿朝向，直到牛腿端口方向线与设计方向重合，然后进行加固。待全部牛腿焊接结束后，对各牛腿方向线统一检查、并调整到设计方位后，进一步加固，同时做好检查记录。

牛腿安装过程中，水准点高程引测、壁板上牛腿定位标识十字线放样及牛腿焊接后端口中心线调整加固后的位置与高程检测等测量工作，施工单位人员应在自检合格的基础上，按测量程序规定提交施工定位放线和检查记录，经施工单位QC(质量检测)、监理和建设单位测量人员验收合格后，方可进行后续工作。

### 4.3.2 反应堆穹顶吊装

1. 工程概述

核电站穹顶和反应堆筒体钢衬里是反应堆厂房安全壳的重要组成部分，是反应堆厂房防核泄漏事故的最外一层防护屏障。通常情况下，穹顶在反应堆附近规划地面整体制作，制作时严格控制穹顶下口半径和周长，以确保穹顶整体吊装对接一次成功，缩短吊装后高空焊接作业时间，顺利实施安全壳混凝土预应力张拉。该核电厂6号机组穹顶是钢衬里的封顶部分，是钢衬里施工中吊装就位的最大钢结构构件，使用履带起重机一次整体吊装就位，其结构外形及吊点布置如图4-3-2所示。根据设计文件，穹顶主要参数包括：

(1)穹顶下口外径：ф37012mm；

(2)全高：11050mm；

(3)安装标高：+44.83m(下口标高)；

(4)吊装总重量180.046t，包括：穹顶自重121.0t，内部喷淋管重量23.56t，吊装用索具重量5.205t，配重重量1.358t，履带起重机吊钩及其自身钢丝绳重量24.0t，一层走道平台及爬梯重量4.923t；

(5)结构重心相对位置：$X$=126.06mm，$Y$=-136.76mm，$Z$=6102.67mm；

(6)穹顶就位点坐标：$X$=7000.000，$Y$=3558.800；

(7)穹顶拼装点坐标：$X$=7065.000，$Y$=3492.900；

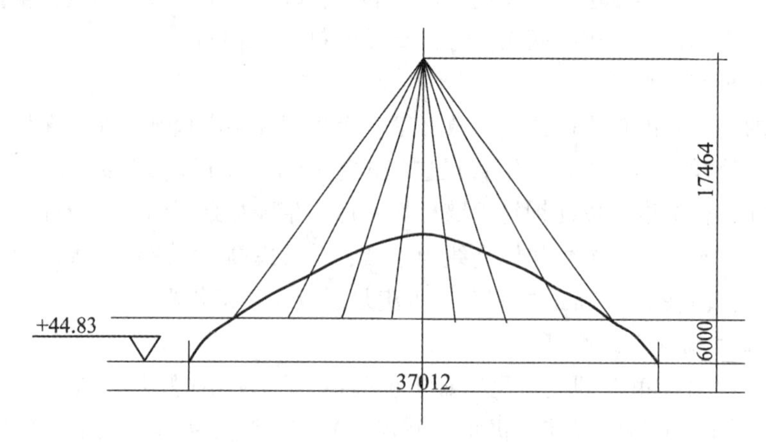


图 4-3-2　穹顶外形及吊点布置示意图(单位：m)

(8)履带起重机站位点坐标：$X$=7012. 692，$Y$=3506. 313。

2. 吊装设计方案

履带起重机进场并在吊装站位点就位后，协调周围施工设施布置，配备安保人员，为吊装创造良好的施工保障条件。穹顶吊装采用整体吊装工艺，选用 SCC16000/1600t 履带起重机为吊装工具。

如图 4-3-2 所示，共设置 13 个吊装点，吊装点焊接在穹顶二层下部环向角钢上。SCC16000/1600t 履带起重机按照提前标识的站位点进行精确站位，将 6 根 ϕ58mm 长 43. 942m、1 根 ϕ58mm 长 20. 021m 钢丝绳以及 1 根 ϕ58mm 长 8m 的无接头绳圈按照要求挂置在履带起重机吊钩的两侧，钢丝绳的另一端通过花篮螺栓连接在穹顶吊点上。

正式吊装前需要进行试吊，试吊时检查各吊点吊索具连接情况，确认符合要求之后履带起重机起升吊钩，使钢丝绳受力。现场技术人员检查各个钢丝绳的受力状况，调整索具使穹顶下口水平度满足要求之后，对履带起重机刹车进行调试，调试完成后将穹顶放置在原拼装支座上。正式吊装在试吊完成之后依据天气情况择机进行，依据吊装总指挥指令，起重指挥人员指挥履带起重机起升吊钩至穹顶下口标高为+66. 000m，之后缓慢顺时针回转 118°，此时穹顶正好位于 6 号反应堆厂房正上方。待穹顶稳定之后缓慢落钩至穹顶下口角钢完全支撑在提前设置的 13 个千斤顶上，调整千斤顶，配合完成穹顶下口和筒体十二层上口的对接缝间隙控制，完成后固定穹顶，随后进行起重机摘钩、收钩、回转、收车等操作。

3. 施工安排

1)施工准备

制定穹顶吊装专项施工方案，经建设单位审批后，编制详细作业指导书和质量计划并提交建设单位公司审查通过；同时做好与穹顶吊装相关的其他技术准备工作，如专项进度计划编制、相关技术交底文件的编制、质保资料的收集整理等。

2)场地准备

按照施工起重机站位场地要求，保证压实系数；清理起重机站位范围内及超起半径回转范围内的所有堆场及障碍物。

3）机械设备及辅助材料准备

吊装作业时，需要的主要设备及工具清单如表4-3-1所示。

表4-3-1　**吊装用主要设备与工具**

| 机具名称 | 规格型号 | 单位 | 数量 | 备注 |
| --- | --- | --- | --- | --- |
| 履带起重机 | SCC16000/1600t | 台 | 1 | |
| 钢丝绳 | 6×37+IWR-1670，$d$=58mm，$L$=43.942m | 根 | 6 | 总重3.56t |
| 钢丝绳 | 6×37+IWR-1670，$d$=58mm，$L$=20.021m | 根 | 1 | 总重0.271t |
| 无接头钢丝绳圈 | 6×37+IWR-1670，$d$=58mm，$L$=8m | 根 | 1 | 总重0.108t |
| 弓形卸扣 | 25T S6-TBX25-1 3/4 | 个 | 1 | 总重0.014t |
| 花篮螺栓 | 2 1/2×24 UU（两端配有锁紧螺母） | 套 | 13 | 总重1.216t |
| 白棕绳 | ϕ25mm，长26m | 根 | 4 | 总重0.036t |
| 电焊机 | YD-400AT | 台 | 15 | |
| 全站仪 | | 台 | 1 | |
| 水平仪 | | 台 | 1 | |
| 倒链 | 5t | 台 | 4 | |
| 倒链 | 3t | 台 | 8 | |
| 倒链 | 2t | 台 | 3 | 总重0.1t（100kg） |
| 螺旋千斤顶 | QL20，起重量20t | 台 | 13 | 起升高度325~505mm |
| 对讲机 | 按需配置 | | | |
| 其他常用工机具 | 按需配置 | | | |

表中钢丝绳、无接头钢丝绳圈、卸扣和花篮螺栓需有出厂合格证，并经进场验收合格。在穹顶正式吊装作业前，应按照《穹顶整体吊装用吊索具验收程序》进行吊索具的检查验收。

4）人员准备

由建设单位牵头，成立由建设单位、土建施工单位、安装施工单位及大件吊装单位等多方人员组成的“穹顶整体吊装委员会”，全面主持和协调穹顶整体吊装工作。“穹顶整体吊装委员会”是穹顶整体吊装的有效指挥机构，各单位根据任务需要，指派相应职责工作人员，主要人员配备及基本职责描述如表4-3-2所示。

表 4-3-2　　**人员配备与职责**

| 职务/工种 | 数量 | 基 本 职 责 |
| --- | --- | --- |
| 总指挥 | 1 名 | 总体指挥和协调各承包商的工作 |
| 执行总指挥 | 1 名 | 负责穹顶吊装工作的协调 |
| 吊装总指挥 | 1 名 | 负责穹顶吊装命令的发布 |
| 总负责人 | 2 名 | 负责穹顶吊装工作的组织协调 |
| 工程公司现场代表 | 2 名 | 负责对穹顶吊装整个过程的监督 |
| 起重指挥 | 2 名 | 负责履带起重机指挥工作 |
| 辅助指挥 | 4 名 | 负责协助起重指挥及监护吊装工作 |
| 技术主管 | 1 名 | 穹顶吊装技术总负责 |
| 施工主管 | 2 名 | 负责吊装人员和机具的调配 |
| 吊装主管 | 1 名 | 负责吊装过程中的技术工作 |
| 结构工程师 | 1 名 | 负责吊装及高空组对的技术工作及相关资料的收集 |
| 焊接工程师 | 1 名 | 负责穹顶组对后的焊接技术工作及相关资料的收集 |
| 无损检测工程师 | 1 名 | 负责穹顶焊缝的无损检测技术工作 |
| 测量工程师 | 1 名 | 负责与穹顶吊装相关的测量技术工作及相关资料的收集 |
| QC 工程师 | 2 名 | 负责施工质量检查和记录 |
| 安全员 | 4 名 | 负责吊装现场的安全监督、检查工作 |
| 起重机司机 | 1 名 | 负责进行 SCC16000/1600t 履带起重机的具体操作 |
| 司索工 | 4 名 | 负责吊索具挂置、拆卸的具体操作 |
| 电焊工 | 8 名 | 负责穹顶吊装过程中的辅助焊接操作 |
| 铆工 | 16 名 | 负责穹顶安装组对工艺的具体操作 |
| 其他辅助工种 | 若干 | 包括电工、机械工、架子工、力工等，负责其他的辅助操作 |

5) 吊装机械准备

SCC16000/1600t 履带起重机组装工况：LJDB66m(85°)+60m+80t+280t，超起配重 300t×24m；主臂长度 66m，主臂仰角 85°，副臂长度 60m，中心压重 80t，后配重 280t，超起半径 24m，超起配重 300t。

穹顶吊装时起吊半径和就位半径均为 54m，根据选定的 SCC16000/1600t 履带起重机组装工况，SCC16000/1600t 履带起重机的额定起重量为 219.8t，大于穹顶的吊装重量 180.046t，此时履带起重机的负载率为 81.9%。

6) 吊装配重

由于穹顶锚固件以及穹顶内部通风管道、喷淋系统的安装，导致穹顶重心和结构几何形心在水平面上不重合，为更易调节穹顶下口水平度及吊装就位，通过 Tekla 软件建模确定的构件重心坐标分别为 $X=126.06$mm，$Y=-136.76$mm，$Z=6102.67$mm。

以角度线 227.547°(252.83g)为对称轴，在穹顶一层上部环向角钢处加配重 1358kg，在水平面上使穹顶重心和结构几何形心近似重合。

配重材料采用安全壳钢筋，并以角度线 227.547°(252.83g)为对称轴布置。配重钢筋中部及两端约 1/4 处，用直径不小于 12mm 的钢丝绳捆绑成捆后，用 3 个 2t 倒链分别进行连接，倒链的另一端挂设在二层下部环向角钢上。因 3 个 2t 倒链重约 100kg，故需增加配重钢筋 1258kg。

7)穹顶吊装过程工作风速观测

在穹顶吊装的过程中，穹顶在不利风向作用下会偏摆并产生附加荷载，使 SCC16000/1600t 履带起重机负载率增加。为了保障吊装过程的安全，需对吊装过程的限定风速进行计算，确保在吊装过程中一旦风速超过计算所得的安全值时，能立即停止吊装活动。

8)检修拱架保护措施

在穹顶吊装之前，核岛内环吊备用检修拱架按要求安装到位。为了避免穹顶在吊装就位的过程中与检修拱架碰撞，需要在吊装前核实检修拱架与穹顶的安全距离。为防止穹顶在落钩的过程中与检修拱架碰撞，可在穹顶下落至下口距离 12 层钢衬里上口 500mm 时，提前挂置 4 个倒链并拉紧。SCC16000/1600t 履带起重机在落钩的过程中应速度缓慢，同时+44m 平台的工作人员应拽紧设置在穹顶下口的缆风绳，保证穹顶在下落过程中保持平稳。

9)千斤顶支撑及导向柱设置

安全壳第 23 层混凝土上表面(+43.54m)设置 13 个千斤顶支撑立柱，支撑立柱布置于半径 $R=18900$mm 的圆周上，立柱高度为 2m。为防止穹顶在落钩的过程中与检修拱架碰撞，在 12 层钢衬里外侧对称设置 4 根导向柱，导向柱的长度为 2.29m。

10)穹顶吊装高度测量

在穹顶起吊提升过程中，穹顶最终提升高度的确认以 C4#塔吊的辅助指挥判断为准，以履带起重机监控仪上的显示高度为辅(穹顶下口的高度为+66m，吊钩高度为+90m)。

11)吊装时的环境要求

穹顶内外构件全部安装完毕，并经验收合格；穹顶内架子、穹顶外侧围栏、门楼全部拆除；履带起重机超起回转区域内不得有高于±0.00m 地面的障碍物；吊装时要求不下雨，能见度>500m，风速应≤7.16m/s。

穹顶吊装前 2 周，应开始对穹顶吊装区域的风速进行连续测量。在这 2 周内，应每天至少测量 4 次风速并形成记录(早晨 7 点左右、10 点左右、12 点左右及下午 4 点左右)，以通过风速记录寻找最适宜穹顶吊装的时段。穹顶风速的测量，应以 C2#塔吊驾驶室附近区域(标高：+70m)的风速为主要参考值，同时以 C4#塔吊驾驶室附近区域(标高：+58m)的风速为辅助参考。在穹顶起吊至旋转到 6RX 反应堆上空的阶段，风速观测人员应每 5 分钟报告一次风速；在穹顶由 6RX 反应堆上空开始下降的阶段，风速观测人员应每2分钟报告一次风速。当观测到风速超标时，应按《6RX穹顶吊装应急预案》中相关要求，启动应急预案，配合业主应急响应行动。

12)其他准备

在第12层筒体上口及穹顶下口对应的0g、200g两个方位角上分别设置筒体和穹顶两个环向限位装置，在筒体12层上口内侧每隔10g设置一个限位板，外侧每隔40g设置一个限位板(限位板可以根据实际情况调整)，限位板形状如图4-3-3所示。

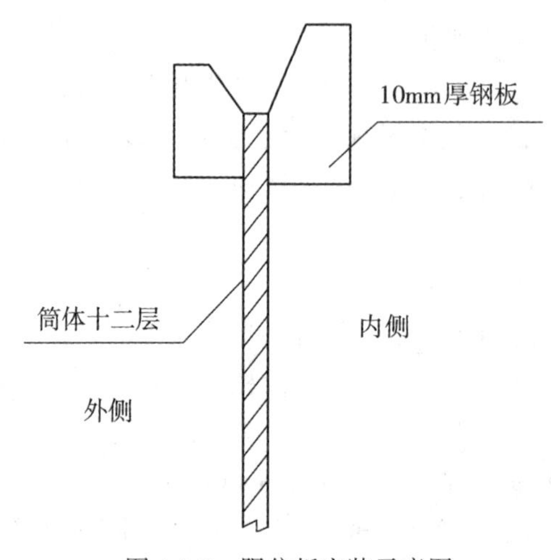


图4-3-3　限位板安装示意图

在安全壳第23层混凝土浇筑前，沿半径$R=18900$mm的圆周埋设13块16×350×250的预埋板(预埋板顶面标高+43.540m)，沿半径$R=19300$mm的圆周埋设52个钢筋挂钩(注：尽可能均布，但考虑到避开预应力管等因素，可适当调整位置)。

在安全壳第23层混凝土浇筑后，在预埋板上焊接由工字钢制成的立柱，立柱上牛腿上表面标高为+44.51m，安装20t螺旋千斤顶并进行固定，调整螺旋千斤顶上口水平面一致且高出筒体上口水平面150mm。

在安全壳第23层混凝土施工后，混凝土标高为+43.54m。穹顶吊装之前，测量人员进行测量划线，并沿划线切割第12层筒体上口余量，筒体上口最终标高+44.83m。

4. 施工进度计划

穹顶吊装、安装计划于××××年××月××日正式开始，××××年××月××日结束，计划工期29天，具体安排如表4-3-3所示。

表4-3-3　穹顶吊装与安装进度计划表

| 序号 | 作业内容 | 吊装量/t | 开始时间 | 完成时间 |
|---|---|---|---|---|
| 1 | 吊索具连接、试吊 | | ××××.××.×× | ××××.××.×× |
| 2 | 穹顶吊装 | 180.122 | ××××.××.×× | ××××.××.×× |

续表

| 序号 | 作业内容 | 吊装量/t | 开始时间 | 完成时间 |
|---|---|---|---|---|
| 3 | 组对 | | ××××.××.×× | ××××.××.×× |
| 4 | 焊接及无损检测 | | ××××.××.×× | ××××.××.×× |
| 5 | 连接角钢和剩余连接件安装 | | ××××.××.×× | ××××.××.×× |

5. 施工步骤与方法

1) 履带起重机载荷试验

SCC16000/1600t 履带起重机按要求工况组装好后，对履带起重机进行载荷试验，具体试验方法及步骤按《SCC16000/1600t 履带起重机试验工作程序》执行，在试验前后仔细检查履带起重机的回转、卷扬等重要机构，制动、仪表显示等辅助机构是否完好并运转可靠。

2) 履带起重机空钩模拟试验

SCC16000/1600t 履带起重机载荷试验合格后，由穹顶吊装组织机构中的成员参与，相应指挥按照实际穹顶吊装过程指挥 SCC16000/1600t 履带起重机进行起钩、回转、落钩等操作，并在全过程检查吊装指挥系统和吊装机构的运行情况，确认履带起重机所经过的空间是否畅通，同时检验履带起重机站位点、超起配重位置、主臂角度、副臂角度等是否满足实际穹顶吊装要求，具体试验方法及步骤按《6RX 穹顶吊装空载模拟试验工作程序》执行。

3) 穹顶试吊

按操作程序，吊点与钢丝绳挂设结束后，起重机按设计位置就位，起升吊钩使钢丝绳收紧，按"布置防摆拉索→验证环境条件→起升吊钩至钢丝绳收紧→检查钢丝绳的受力→下达起吊命令→穹顶下口离地 500mm 时检查下口水平度→刹车试验→穹顶落回原位→隔离保护"的工艺流程进行穹顶试吊。

穹顶下口离地面 500mm 后停止提升，检查下口水平度的方法是，用水准仪或钢卷尺测量下口若干个点与支座之间的距离。使用花篮螺栓调节，使穹顶下口水平度为 300mm 左右为宜。

4) 穹顶正式吊装

穹顶正式吊装的工艺流程：人员就位→设置缆风绳、防摆拉索→吊索具检查、作业条件验证→下达吊装命令→履带起重机起吊，穹顶下口离地 500mm→履带起重机提升穹顶至穹顶下口为+66m→履带起重机回转→穹顶置于核岛正上方→穹顶下落→穹顶置于 13 个千斤顶上→高空组对→履带起重机摘钩→宣布吊装成功。

主要操作步骤说明如下：

(1) 依据穹顶吊装作业指导方案，作业人员进行准确站位并熟知自己的作业内容。

(2) 在 0g、100g、200g、300g 处分别设置一根 ϕ25mm、长 26m 的白棕绳用于就位时控制方向。同时，连接好穹顶下口的 8 根防摆拉索，解除穹顶与拼装支座上所有的临时连接构件。

(3)吊装总指挥根据现场工作准备情况及环境条件进行吊装命令的下达。

(4)起重指挥人员指挥履带起重机缓慢而匀速地起升吊钩使穹顶离地约 500mm，检查并确认穹顶平稳和下口水平度满足要求之后拆除防摆拉索；继续起升穹顶至穹顶下口为+66m 后停止起升，检查确认穹顶的提升高度；待穹顶及履带起重机稳定之后，顺时针旋转 118°，使穹顶位于核岛钢衬里的正上方；待穹顶及履带起重机稳定之后履带起重机缓慢落钩；当履带起重机落钩至整个穹顶完全支撑在+44m 平台上沿圆周均布的 13 个支撑千斤顶后，调整穹顶下口与筒身的对接缝(千斤顶在降落组对环缝过程中，履带起重机受力保持约 50%的状态以辅助组对)，完成后将穹顶固定。

所有提升过程中，穹顶下口最终提升高度以现场跟踪测量仪器提供的数据为重要参考依据。

(5)组对、安装。

当穹顶整体起吊、回转至筒体正上方后，缓慢落钩至穹顶下口与筒体上口相距约 500mm 时，将倒链一端挂在预埋在第 23 层混凝土的钢筋挂钩上，另一端挂在穹顶下口环向角钢上，落钩的同时利用倒链来调整穹顶位置，使穹顶上的环向限位与筒体上的环向限位贴合，保证穹顶的定位。

缓慢调整、匀速落钩，当穹顶落在支撑千斤顶上后，检查、调整每个千斤顶使其完全受力，此时履带起重机开始卸载，至吊装重量的 50%后停止卸载。

穹顶下口与筒体上口组对。同时均匀、缓慢调节 13 个支撑千斤顶，使穹顶匀速下降至与筒体上口相距约 10mm 时，在筒体上口安置 3mm 的间隙板和圆锥销(具体数量视现场情况而定，原则上每隔 1.5~2m 设置一副)，如图 4-3-4 所示。

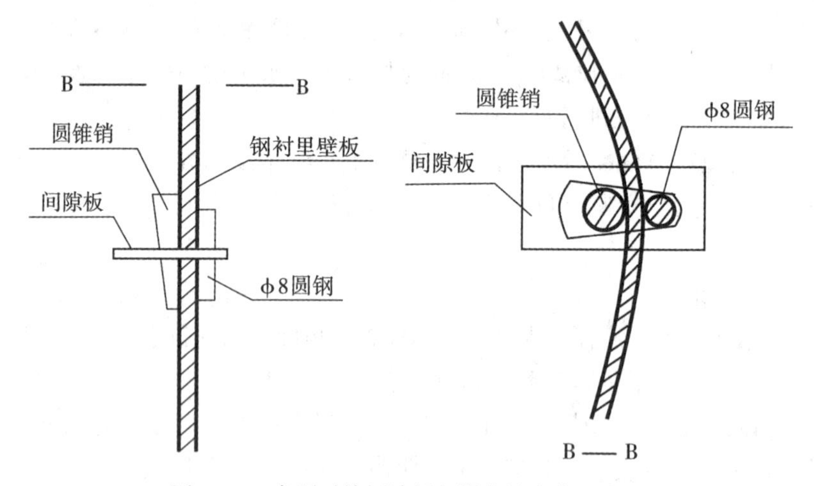


图 4-3-4　穹顶对接间隙板与限位销安装示意图

继续调节 13 个支撑千斤顶使穹顶继续下落，在通过壁板上口内、外限位板导向的同时，利用间隙板和圆锥销调整对接缝的错边量，使穹顶下口与筒体上口完全重合，直至穹顶下口直接落在间隙板上，检查穹顶就位的控制角度和上下口的对接情况。符合要求后，履带起重机落钩至完全解除受力后，解除花篮螺栓与穹顶吊耳的连接。

环缝组对以整个圆为基准分成四等分，按同一方向分成4组同时进行组对，避免组对到最后时周长累积误差值过大。

焊接作业严格按焊接工艺的要求进行；焊缝检验合格后，去除第12层上口的临时加固角钢及为穹顶吊装临时设置的如限位装置、千斤顶及立柱、挂置倒链的耳板等一切工装，补焊锚固钉及纵向连接角钢。

6. 质量控制标准和安全文明施工

施工前，制定科学的施工方案和应急预案，精心准备，成立安全文明施工组织机构，施工过程中，严格按批准的程序进行，施工前进行各施工环节的安全技术交底，确保穹顶吊装、组装等工作圆满完成。

7. 穹顶制作与吊装过程中的测量工作

穹顶吊装作业前后，测量工作的目的是配合吊装作业人员，为穹顶与筒体壁板准确组对并焊接成统一封闭整体提供数据支持与质量保证。如吊装试吊过程中，测量工作人员需及时提供穹顶下口高差数据，反映下口水平度，并保证测量数据的精度满足要求。

影响穹顶和筒身钢衬里组对质量的重要制约因素有半径与周长两个指标，其精度要求见表4-3-4。穹顶制作过程中，必须保证穹顶下口周长与半径和成型的筒体壁板上口一致，否则，当穹顶下口与对接筒体半径或周长相差较大时，既影响对接精度，又增加了后续焊接作业等的施工难度。

表4-3-4 **穹顶和筒身钢衬里组对时半径及周长精度要求**

| 序号 | 项目 | 允许偏差 | 检查方法 |
|---|---|---|---|
| 1 | 穹顶与12层筒体半径之差 | ≤25mm | 测量仪器 |
| 2 | 穹顶下口周长和筒体12层上口周长之差 | ≤15mm | 钢尺 |

经验表明，穹顶下口和筒身壁板上口半径和周长之差如果仅仅满足设计图纸要求，虽然不会影响反应堆厂房筒身钢衬里竣工质量，但会增加正确组对与焊接施工的难度，影响施工效率。实际操作时，施工单位钢结构施工人员对上述精度指标进行了修订，要求半径差≤15mm，周长差≤10mm，测量作业时，主要措施分别如下。

(1)“穹顶下口周长和筒体12层上口周长之差≤10mm”保障措施。

首先，分时段进行筒身上口钢衬里周长精确测量。筒身钢衬里施工在穹顶制作竣工前结束，因此，首先利用经过检定的钢尺，紧贴钢衬里筒身上口外圈，分别按顺时针和逆时针方向，以钢尺检定时的拉力，进行两次周长测量，要求两次测量结果差值经尺长、温度改正后，不超过5mm，取观测结果的平均值为本时段周长观测值。测量时段分别选在上午、下午及晚上。取3个不同时段观测结果的均值为筒身上口的实际周长。实践经验表明，不同观测时段观测结果差值均不超过5mm。测量时注意钢尺平行筒身钢衬里上口，避免钢尺倾斜对结果的影响。

然后，根据筒身钢衬里上口周长观测结果，调整穹顶钢衬里下口周长。穹顶制作时，预留下口两块衬里板拼接的最后一道焊缝，在焊缝两侧壁板下口适当位置设置明显标记供周长测量。该焊缝焊接前，与筒身钢衬里周长测量方法相同，选择早、中、晚不同的时间，按顺时针和逆时针方向，测量出已经制作好的钢衬里下口标记间的长度值，根据已知的筒身周长，得到两标记间的周长调整值，确定焊缝处钢板切割标记线，从而确保穹顶钢衬里下口周长与筒身周长一致。

(2)“穹顶与十二层筒体半径之差≤15mm”保障措施。

为满足施工精度要求，在穹顶试吊工作结束后，测量人员在拼装场地从 0gon 设计方向开始，每隔 5gon(4.5°)测量一次穹顶下口实际半径，并做好记录；再观测对应位置筒身钢衬里上口半径，当半径值相差大于 15mm 时，钢结构施工人员立即对筒身钢衬里相应位置半径进行微调，直至各对应点半径差值满足内定精度要求为止。拼装场地和筒身对应位置半径测量可以分两组进行测量，测量人员协同工作，以提高工作效率。

(3)工作成效。

采取上述测量措施，满足穹顶下口筒身对接处半径与周长精度要求后，穹顶吊装组对时，可以在间隙板上轻松插入圆锥定位销，为穹顶顺利组对提供了帮助；周长一致，为组对及后焊缝调节等施工过程提供了极大便利；良好的组对效果，得到了建设单位、监理单位的一致肯定，建设单位在随后的工作总结中，充分肯定了测量工作在穹顶吊装精度控制中的作用。

## ◎ 思考题

1. 简述直接放样法的含义和内容。
2. 简述归化法放样的原理和意义。
3. 论述根据放样精度要求选择放样方法的原则。
4. 简述施工测量在牛腿安装过程中的作用和主要工作内容。
5. 简述施工测量在穹顶吊装过程中的作用和主要工作内容。
6. 分组讨论：以穹顶吊装为例，说明增加工程知识、提高职业综合素养的意义。

# 第 5 章　核电厂设备安装施工测量

设备安装施工测量是核电厂建设期间的重要测量内容之一。核电厂安装测量作业时，各功能分区的大多数厂房已经施工结束，作业环境复杂，受房间、设备基础和已经安装好的其他设施干扰，作业场地视线长度和通视条件受限，而且需要安装的设备大小不同、形状各异、种类繁多，相对定位精度普遍要求小于 2mm 甚至更高。设备、设备组件或部件在组装、就位、焊接等过程中，相互联系紧密，在部件或设备安装、调试过程中，大多需要全程实时提供精确的平面和高程基准。安装测量的工作质量是保障核电站有效运行的重要基础，要求从事核电厂安装施工的测量人员，具有扎实的理论基础、丰富的实践经验和娴熟的仪器操作水平，能对施工现场的突发情况迅速决策，及时处理。本章主要介绍核电厂安装施工控制测量方法，并结合核电厂主要设备、主管道及反应堆堆内构件(统称设备)安装或组装施工背景，介绍设备施工测量的主要内容。

## 5.1　安装施工控制测量

核电厂设备施工测量，需根据设计文件对设备安装的技术要求预先制定工作方案，以审核批准后的工作方案指导测量工作。工作方案内容主要包括任务目标、适用范围、参考文件、设备概况、施工准备、工作流程与实施细则、风险评估与措施、质量保证措施、安全保证措施、附件或附表等。工作方案细则，应充分结合设备安装精度，合理进行测绘人员与仪器配置，在前期工作基础上，制定控制测量方案、质量控制与检查方法、主要工作细则，明确成果提交与存档要求。

核电厂设备安装测量，除需要明确设备安装精度要求外，还应尽可能地了解设备的主要功能、与其他相关设备的关系和连接方式，以便更全面地规划作业方案。以核电站一回路设备安装测量控制网布设为例，一回路由压力容器、蒸汽发生器和主泵等主要设备由主管道通过焊接构成，控制网设计需要统筹考虑主设备、主管道间的相对空间位置关系，提前规划安装施工控制网点的设置。经验表明，厂房建筑施工过程中，在反应堆中心测量竖井架拆除前，若及时设置并保护好控制点标志，选择有利时机，提前完成安装施工控制网建网工作，较安装施工期间重新搭建测量竖井架，恢复反应堆中心点并加密布置安装控制网，不仅能节省人力与物力，提高工作效率，还能更好地满足设备安装精度要求。

设备安装测量控制网的起算基准，是布设在不同功能分区厂房内的微型控制网点。当施工阶段建立的微网点密度不够时，需在已有微网点基础上，提前或临时加密控制点，以满足安装测量要求。安装控制网点加密包括平面和高程点加密两个部分。

### 5.1.1　平面控制测量

受施工环境的影响和制约，平面控制测量通常使用经纬仪或全站仪，采用极坐标法、自由设站法和三角测量法三种方法进行。

1. 极坐标法

极坐标法由于没有多余观测，缺少检核手段，一般不单独用于控制点加密，主要用于设备或管道方向线的控制或放样。具体实施时，通常以自由设站法或三角测量法建立的已知控制点为测站点和定向点，按设计要求放样管道、设备等的安装中心线。为了增加测量成果的可靠性，采用极坐标法时，同一测站至少重复两次，或变换测站点，用两次观测结果相互校核。

2. 自由设站法

自由设站法是在建筑施工期间或设备安装前，有足够已知控制基准点可用的情况下，提前在适宜位置增设必要的加密控制点。自由设站法选点灵活，与有关微网点通视良好，具有操作简单、点位布置灵活、作业效率高、点位精度高等特点，是核电厂测量工作中加密控制点时运用最广泛的方法。自由设站法与极坐标法联合使用，可极大提高测量工作的灵活性和效率。

3. 三角测量法

三角测量法也广泛应用于核电厂控制点加密。三角测量一般以可通视的微网点或次级网点为起算基准，在需要加密区域的适当位置，提前设置加密点标志，采用边角测量的手段，按微网观测标准进行。如在核反应堆厂房环吊安装过程中，为方便轨道梁位置放样，通常在牛腿面上建立平面三角控制网。

### 5.1.2　高程控制测量

同一功能区各厂房，如反应堆厂房、核辅助厂房等，一般采用区域内同一高程基准点，从而保证功能区高程基准一致；各区域高程基准点高程，均从核电厂次级网同一个稳定的基本网点引测，保证了整个核电厂区范围内高程基准的一致性。

由于施工过程中基础承受荷载不断变化、混凝土浇筑和周边爆破施工的干扰、地基沉降等多种因素的影响，各基准点在施工期间可能沉降不一致，导致各功能区高程基准出现差异。因此，各厂房需按设计文件要求进行定期沉降观测，并将成果及时报给设计单位等有关部门；此外，在不同功能区之间进行与高程关系密切的工作时，若高程基准变化，要及时报给建设单位、设计单位等有关部门，以便及时处理。

高程加密控制测量，同一楼层设置高程控制点，一般采用精密水准测量方法，采用支水准路线、往返观测、高差不符值满足限差要求。不同楼层高程传递，则采用水准测量结合悬挂钢尺法，注意悬挂重锤宜与钢尺检定时重量一致，并进行尺长、温度改正。悬挂钢尺传递高程时，要单独进行两次，两次高程值差异满足相应的限差要求。

## 5.2 典型工程安装案例分析

下面结合核电厂施工背景和作业环境，就核电厂建设期间环吊、压力容器、蒸汽发生器和主泵等典型设备安装过程的测量与放样工作进行详细介绍。

### 5.2.1 环吊安装测量

1. 背景知识

环吊是核电站反应堆厂房内环形起重机的简称，在核电站建造阶段用于吊装重型主设备，如蒸汽发生器、反应堆压力容器、稳压器等；在核电站运行阶段，用于反应堆停堆期间的换料和反应堆厂房内设备维修所需的各种吊运工作。环吊位于反应堆厂房顶部，沿安装在牛腿上的环形轨道运行，是核电站最重要的起重设备之一。环吊的安装，标志着核岛的安装工程全面展开，是核电站建设的重要里程碑。

环吊安装工作，主要包括环梁环轨地面预组装、轨道的安装、端梁的安装、主梁(电气梁及非电气梁)的安装、运行小车及安装小车吊装等环节。环吊安装过程中，测量的主要任务是确定环梁及环轨在相应牛腿上的安装位置，并为环梁、环轨圆度及水平度调整提供平面和高程基准。环梁及环轨安装过程包括在牛腿顶面安装处的定位放线、牛腿钻孔、环梁环轨吊装、双向调节装置安装、环梁环轨安装调整、垫板安装及最终调整、环梁各部位连接螺栓拧紧等步骤。为保证环吊平稳运行，要求环梁环轨的水平度、标高及圆度满足设计要求。

2. 技术要求

以某核电站4号反应堆环吊为例，该环吊包括9段环梁和16段环轨，各环梁段连接在一起组成圆形支撑梁，用高强度螺栓将其连接到与反应堆预应力混凝土为一体的36个牛腿面上。在环形轨道梁的圆周上，均匀分布有12个水平千斤顶，用于调节环形轨道梁成圆形；环梁安装就位后再将环轨部件放在相应的环梁位置，在轨道梁上安装轨道压板，待轨道调整合格后紧固螺栓。环吊安装各项精度指标如下：

(1)牛腿顶面标高40.061m，限差±25mm，牛腿顶面平整度限差±2mm；

(2)轨道梁安装钻孔定位(孔中心半径$R=17.700$m)的切向限差值≤±3mm，径向限差值≤±4mm；

(3)轨道梁内侧下边缘半径$R=17.190$m，半径偏差限值≤±4mm；

(4)环吊梁圆度，限差值≤±5mm；

(5)环吊轨道($R=17.700$m)顶面标高40.946m，标高偏差限值≤±5mm；

(6)相邻牛腿间轨道标高限差值≤±4mm；

(7)轨道平整度限差±2mm/2m；

(8)小车双梁(主梁)对角线公差限差值≤±5mm；

(9)小车轨道剖面高差限差值≤±10mm。

3. 作业方法

1) 控制测量

控制测量的目的，是准确放样牛腿面上用于安装环梁的螺栓孔和环梁环轨的位置，并测定环梁或环轨表面等的高度。控制测量包括平面控制测量和高程控制测量两个部分。

(1) 平面控制测量。

平面控制测量的方法有两种。一种方法是不单独增加临时控制点，直接利用建筑施工阶段建立的反应堆内微网点为控制基准。另一种方法是在牛腿顶面适当位置建立施工控制网。以该核电站 4 号反应堆环梁安装为例，在放样作业前，以核反应堆微网为基准，在互相成 90°的牛腿上，加密设置 4 个临时控制点，如图 5-1-1 所示。仪器分别安置在反应堆中心处的微网点 RX01 及 4 个临时点上，按次级网技术要求观测，采用边角自由网进行数据处理。这种方法的好处是，控制测量可以选择在不受施工干扰的时间段进行，施工放样时，仪器可安置在稳定的牛腿表面上，不会影响核反应厂房内其他工种的正常施工。

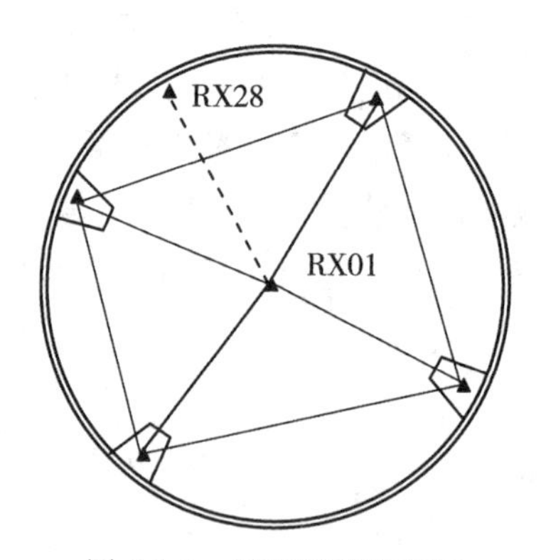


图 5-1-1　环梁安装控制网

(2) 高程控制测量。

高程控制测量采用精密水准测量方法。先选定某一直径方向上的一对牛腿上的适当位置，焊接直径为 20mm 的不锈钢钢珠作为高程基准点，检查牛腿安装时的标高基准线高程，确认无误后，将该标志线高程引测至焊接的基准点上，并将高程点的编号及高程标记在标志点附近钢衬里壁板的醒目位置，以避免引用时混淆。

注意，控制点测量成果必须经过施工单位质检、监理单位及建设单位的测量人员检查验收合格后，方可进行后续施工。

2) 牛腿上的环梁定位螺栓孔放样

环梁、环轨地面预组装完成后，将环梁吊放在相应的牛腿位置。根据环梁在各牛腿面上成组螺栓孔的设计位置，利用已有的控制基准放样各组螺栓孔的径向中心线和径向中心线半径 $R=17.700$m 的位置，以此为基准，负责安装的钳工即可在牛腿相应位置放样钻孔位置。

若采用极坐标法放样，需要借助用于反应堆厂房施工的塔吊，以塔吊支柱搭设操作平台，将全站仪安置在核反应堆厂房环形微网的中心点上适当高度处的专用竖井架上，以其他通视的微网点定向或检查。这种方法原理简单，但由于安置全站仪的竖井架较高，加上施工环境的干扰，仪器操作时稳定性较差，影响放样工作的效率与质量。为了克服仪器安置在竖井架上的不利影响，应选择合适的工作时间，暂停影响全站仪操作稳定性的工作诸如混凝土浇筑、设备或构件吊装等。此外，放样过程中，要经常检查测量仪器的稳定性，观察仪器中心及定向方位角是否发生变化，有变化要及时校正。

若在加密的牛腿面控制点上进行放样，则应在放样作业前设计好测站点对应的放样牛腿，并计算出各放样元素。为提高成果质量，还可用两台全站仪采用极坐标方法分别进行放样，两组成果互相校核。

不论采用哪种方法，放样工作完成后，在牛腿相应位置钻孔前，均需进行放样成果的整体检查，包括测量各牛腿中心线偏差、相邻及相间牛腿放样点水平距离的理论值与实际值的偏差，各偏差必须满足设计文件要求，并经施工单位、监理单位和建设单位共同验收后，方可进行钻孔等后续工作。

3)环梁环轨安装测量

环梁安装时，以牛腿面上的定位中心线和半径标志点为基准，利用双向调节装置，先调节各环梁段两端位置满足半径要求，然后检查环梁中间牛腿位置处的圆度，超出限差要求则进行调整，直到全部环梁调整完成后紧固螺栓。

环梁就位后，根据环梁定位基准，放样环轨位置，并测量对应环梁处的标高，为后续调节轨道标高加工楔块厚度提供基础数据。

环梁环轨安装后，继续按施工要求，做好与主梁安装及吊车试验有关的测量工作，保证环吊安装质量。

### 5.2.2 压力容器安装测量

1. 概述

核反应堆内压力容器是维持核裂变的反应装置，是核电站核岛最为核心的设备之一。压力容器的安装及调整工艺复杂，质量控制标准高。以连云港某核电站5号机组压力容器为例，其结构呈圆柱形，下部为半球形封头，容纳反应堆堆芯、堆内构件、控制棒以及与堆芯直接相关的其他部件，将核燃料的裂变反应限制在一个密封的空间内进行，是防止放射性物质外溢的重要屏障。其主要技术参数：最大外形尺寸6418mm×5910mm×10555mm，容器净重261.17t，安装质保等级为核安全Ⅰ级。

2. 安装工艺流程

压力容器安装主要工艺流程包括：工机具引入→压力容器引入反应堆厂房并安装翻转工具→翻转压力容器并拆除翻转抱环→安装水平垫板→压力容器在水平垫板上最终就位→拆除翻转凸耳组件及安装螺纹孔保护帽→侧向间隙的测量和计算垫板厚度→加工侧向垫板→安装侧向垫板及保护装置→场地清理。

3. 安装工作内容

压力容器安装前，先安装压力容器支撑环，以满足压力容器就位需要。压力容器就位前，应根据压力容器竣工尺寸、支撑环标高实测尺寸，计算压力容器水平垫板的厚度并进行加工，加工完成后检查厚度，并将合格的水平垫板安装在压力容器支撑环上。当压力容器吊至堆腔上方时，根据就位图检查压力容器方位，下降压力容器，使其进入堆腔并就位于水平垫板上。按压力容器法兰圈密封边缘垂直表面上 0°、90°、180°与 270°方位标记，对压力容器的位置进行调节，检查轴线偏差是否满足安装要求，并用测量仪器校验堆内构件支撑面的标高和水平度，直至符合安装要求。

压力容器施工完成后，必须对下述项目进行符合性检查：

(1)检查设备的标高、水平度、位置偏差是否满足技术规范要求；

(2)对压力容器内部进行清洁度检查，待确认无异物后，安装压力容器管嘴异种钢接头保护盖板，在压力容器上安装保护盖对容器进行保护，并确保压力容器的所有管口、密封面等部位均已完全保护和密封；

(3)检查安装完工文件，压力容器的最终符合性与文件是否一致。

4. 压力容器安装测量

1)支撑环安装测量

支撑环安装是采用二次灌浆施工的。所谓二次灌浆，是指在设备或设备基础底面与混凝土基础表面之间进行填充性浇筑，紧密接触底板，使之能达到均匀传递荷载的作用，保证设备正常运行。为提高核电建设效益，加快施工进度，保障施工质量，压力容器支撑环、蒸汽发生器基板等安装均采用二次灌浆工艺进行施工。

(1)平面位置控制。

在反应堆中心附近安置全站仪，利用通视的反应堆微网点或提前设置好的加密控制点，采用任意设站法，得到测站中心平面坐标。在此基础上，可运用极坐标方法，放样与支撑环上 0°、90°、180°与 270°方位标记对应的现场方位标记，指导支撑环准确就位。

(2)高程控制。

以提前设置好的高程控制点为基准，按设计要求调节支撑环高度并固定，然后精确观测支撑环上每间隔 45°的 8 个代表性点的高程，并以压力容器堆内构件支撑面高程为基准，结合支撑环设计高程，计算压力容器安装水平垫板厚度。

支撑环的高程与平面位置，安装就位时应同时观测，直至全部符合设计要求。二次灌浆 48 小时后，重复上述测量工作，监测灌浆后支撑环的位移和高程变化情况，同时检测和验证灌浆前支撑环的加固效果。

2)压力容器安装测量

压力容器安装测量工作，根据安装流程，主要工作如下：

(1)前期准备工作。压力容器吊装前，先检查容器法兰上 0°、90°、180°与 270°上 4 个方向定位线，以确保无误；并在安装场地适当位置提前放样出十字方向线上的定位(点)标记。

(2)吊装就位时的测量工作。吊装前，安置4台经纬仪或全站仪，瞄准对面定位点固定视线方向。当压力容器吊至堆腔上方时，根据压力容器上的方位线标记，下降压力容器至水平支撑环，调校压力容器方位，使容器上0°、90°、180°与270°标识方向线与仪器视线重合，并用测量仪器校验堆内构件支撑面的标高和水平度，直至符合安装要求。

### 5.2.3 蒸发器安装测量

1. 概述

核电站蒸汽发生器既是连接一回路和二回路的热交换设备，将一回路冷却剂中的热量传给二回路的给水，使之产生蒸汽；又是一回路和二回路的连接设备，在两个回路构成之间起隔离作用，使二回路免受一回路的放射性污染。以AP1000核电技术为例，其主系统及蒸发器支撑布置如图5-2-1所示。蒸发器的主要功能是作为热交换的动力装置，使核反应堆产生饱和蒸汽，供给二回路，从而推动汽轮机发电。

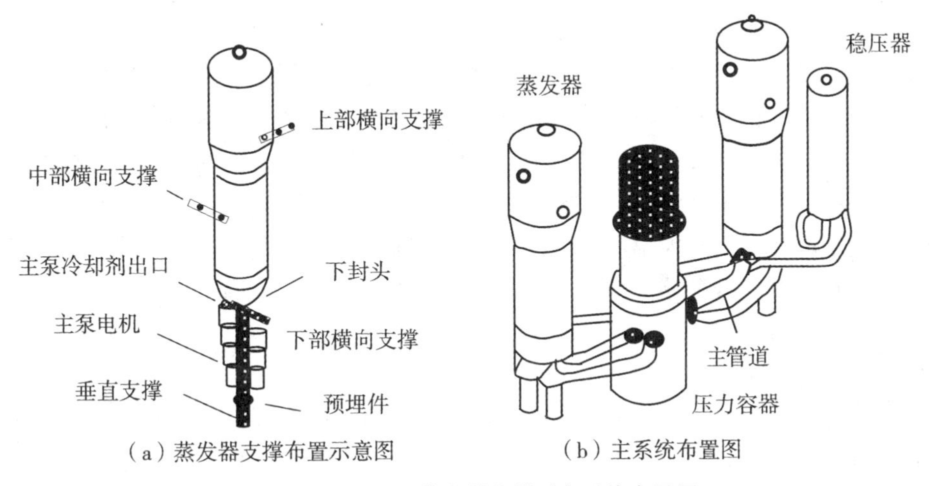


图5-2-1 AP1000蒸发器支撑及主系统布置图

2. 安装工艺流程

以广东某核电站为例，其反应堆蒸汽发生器外形尺寸：高20995mm，下部外径3446mm，上部外径4484mm。安装工艺包括：垂直支撑基础板安装→垂直支撑安装→下部与上部横向支撑就位→蒸汽发生器就位→下部与上部横向支撑预调→主管道回路焊接→下部支撑安装→上部支撑安装→阻尼器调整。考虑主回路焊接后的缩变形，蒸汽发生器及其垂直支撑是以热态时的中心位置为基准进行安装的。

3. 安装工作内容

在设备安装施工位置，利用已有控制基准点或加密控制点，放样蒸汽发生器热态中心点的位置、主管道热段轴线及垂直支撑安装位置，并做好标记；在基础底板上划出与热段轴线平行/垂直的安装基准线，控制基础底板就位，并用顶丝调整底板方向、标高及平整度至规定限差内；将套管焊接在底板设计位置，将上部套管和预埋套管点焊至法兰接合面，二次灌浆前检查垂直支撑底板是否符合设计要求；清理垂直支撑基座面并画出安装轴线，用专用吊具竖立垂直支撑，并安装穿墙螺杆供二次灌浆及蒸发器安装后紧固用；下部横向支撑引入与就位；上部横向支撑引入与就位；蒸汽发生器吊装就位；下部横向支撑与蒸汽发生器支撑块接触，调整蒸汽发生器至热态下的中心位置；上部横向支撑环调整至设计位置；主回路管道焊接；下部横向支撑就位；安装预埋件顶部螺杆，调整滑板和支撑环支撑面间的平距和间隙，使支撑环与支撑面与热段轴线平行；阻尼器吊运及安装。

蒸汽发生器安装主要包括支撑基础及蒸汽发生器就位后的支撑安装。蒸汽发生器支撑用于在各种工况下支撑蒸汽发生器，并在反应堆冷却剂正常运行、主管道热膨胀时允许蒸汽发生器移动；在发生地震或主管道、主蒸汽管道断裂事故时，限制蒸汽发生器的位移量，防止事故扩大。在压水堆核电站中，压力容器中心保持不变，要求蒸汽发生器能随着运行状态的变化而移动，以满足主管道及有关设备的热膨胀要求，因此，蒸汽发生器支撑采用可动式结构。蒸汽发生器的垂直支撑承受纵向载荷，由 4 条立式支撑腿组成，支撑腿均为 3 段式结构，支撑腿的两端叉型座套内装有向心关节轴承，具有活动性，以便蒸汽发生器随着主管道的膨胀而移动。在正常运行工况下蒸汽发生器横向支撑不起作用，只在有事故发生时，才对蒸汽发生器产生横向约束，承受事故荷载，限制蒸汽发生器的位移。横向支撑需满足管道自由膨胀与系统振动特性的要求，并在极限事故工况下，限制蒸汽发生器位移量，减小对土建的冲击。阻尼器允许蒸汽发生器缓慢移动以适应反应堆冷却剂系统因温度变化而产生的膨胀和收缩，当地震或主管道断裂时，阻尼器能迅速响应，提供足够大的刚度限制蒸汽发生器的位移。

4. 蒸汽发生器安装测量主要工作内容

1) 垂直支撑基板安装测量

根据设计文件，利用反应堆厂房内部微网，提前在施工场地布设好必要的平面和高程控制网点。以加密的控制点为基础，按设计要求放样基板定位十字中心线标志，并做好标记。基板就位时，注意基板上预先刻画的方位标记与对应现场标记重合，采用精密水准仪测量基板特征点高程，调校基板至平面位置、高程及平整度满足设计要求。

2) 垂直支撑安装测量

垂直支撑安装包括在垂直支撑基板上放样支撑平面位置、垂直支撑面平整度控制两个方面。平面位置放样可利用加密控制点，采用极坐标等方法进行。当平整度满足要求后，精确测量支撑面实际高程，供后续蒸汽发生器安装，控制加工垫铁厚度时参考。

3) 横向支撑安装测量

在横向支撑设计位置放样轴线标记，并在蒸汽发生器就位前后，分别进行适当调整，以满足吊运和安装要求。

4) 蒸汽发生器安装测量

放样蒸汽发生器安装中心位置，并配合安装人员，在吊运和安装过程中调整蒸汽发生器中心位置、方位及垂直度至限差以内，并测量热段口高程，以满足后续设备安装需求。

### 5.2.4 主泵安装测量

核电厂反应堆冷却剂循环泵简称主泵，为一回路冷却剂强制循环提供动力。反应堆冷却剂系统主要包括压力容器、蒸汽发生器、主泵和稳压器等设备，它们通过主管道相连接，形成双回路布置。每环路蒸汽发生器出口过渡段和反应堆入口冷段之间设置 1 台主泵。主泵是核电厂反应堆核心设备之一，承担着保证核反应安全运行的重任。主泵是主回路设备中的高速旋转设备，用于驱动一回路的冷却水，使冷却水以 23790m³/h 的流量通过反应堆堆芯，把堆芯产生的热量传递给蒸汽发生器。

主泵主要安装流程为：主泵垂直支撑安装、主泵泵壳安装、主泵横向支撑安装、水力部件及电机支撑安装、泵壳主螺栓拉伸、电机安装、三级密封组件安装及泵组最终安装。

主泵安装测量工作主要是为垂直支撑安装、横向支撑安装提供位置基准，为泵组顺利安装提供必要条件。主泵安装测量工作内容与工作方法与蒸发器相似。

### 5.2.5 主管道安装测量

以沿海某核电厂为例，其主管道位于反应堆厂房+16.000m 对应房间内，它的作用是连接压力容器(RPV)、蒸汽发生器(SG)、主循环泵(RCPS)并通过波动管与稳压器(PRZ)相连形成密封回路。一个反应堆包含 4 个主管道密封回路，每一个回路由 3 段组成：热段连接 RPV 与 SG，冷段连接 RCPS 与 RPV，过渡段连接 RCPS 与 SG，各管道布置如图 5-2-2 所示。

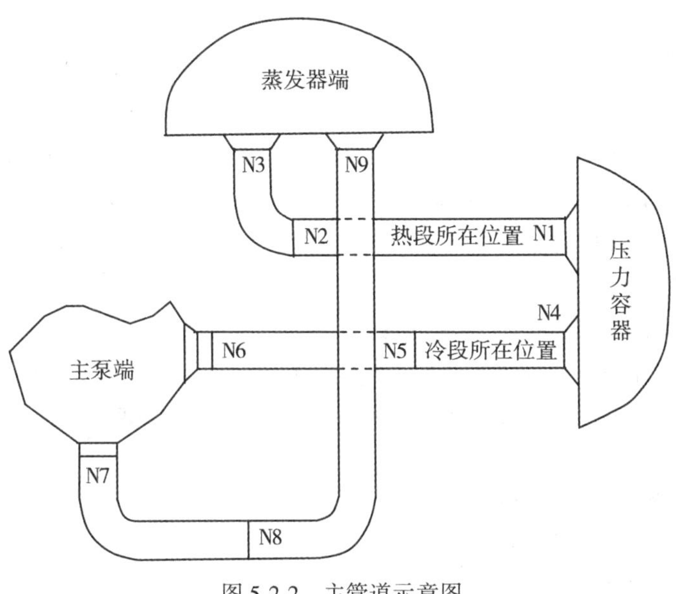


图 5-2-2　主管道示意图

1. 主管道施工先决条件

(1)压力容器、蒸发器、主泵泵壳已精确就位。

(2)主管道(包括冷段、热段及过渡段)的外形尺寸在引入设备间之前已测量完成。

(3)主管道无调整段与各设备精确组对并焊接完成。

(4)激光跟踪仪各项性能正常,附件配备齐全,能满足设计图纸定位精度要求。

(5)激光跟踪仪操作前,通过 TrackerCalib 软件完成仪器的自检工作,保证仪器精度满足安装施工要求。

(6)测量作业过程中,应使施工场地免受电(气)焊、打磨作业等噪声和震动的影响。

(7)为保证施工质量,严禁无关人员进入测量作业区域,禁止在同一区域交叉作业。

(8)参加测量作业的人员,必须经过激光跟踪仪使用的相关培训,能利用 Spatial Analyzer 软件处理测量数据。

(9)测量仪器必须在检定有效期内,并具有检定合格证书。用到的仪器及工、机具清单如表 5-1-1 所示。

表 5-1-1 **主管道安装测量工、机具清单表**

| 名称 | 数量 | 单位 |
|---|---|---|
| 激光跟踪仪 | 1 | 套 |
| 笔记本电脑 | 1 | 台 |
| TrackerCalib 软件 | 1 | 套 |
| Spatial Analyzer 软件 | 1 | 套 |
| 激光跟踪仪附件 | 1 | 套 |

2. 主要仪器精度指标

激光跟踪仪综合测量精度(IFM):静态±5μm/m、动态±10μm/m;绝对测距模式(ADM)下,反射靶球中心位置精度±3μm;球度±1.5μm。

3. 测量数据采集与处理

测量数据采集与处理的主要工作包括:

(1)在 SA 软件中添加仪器,并建立施工坐标系;

(2)使用 ADM 模式进行数据采集,数据采集时,必须保证每个管口有≥8 个点参与拟合计算;

(3)根据观测数据,拟合不同端面圆心坐标,两端面圆心坐标间的距离即为主管道间的实际距离。

(4)激光跟踪仪转站前后,应建立公共点,以使不同测站的观测数据归算在同一坐标系下。

测量过程中，尽量使用同一个靶球；各端口水平距离或垂直距离测量完成后，应通过钢尺量距和水准测量方法，对测量距离进行复核。

## ◎ 思考题

1. 简述核电厂安装控制测量的主要方法。
2. 简述自由设站法的工作原理和应用特点。
3. 简述核电厂环吊轨道安装测量的主要工作内容。
4. 简述核电厂压力容器安装测量的主要工作内容。
5. 简述核电厂蒸汽发生器安装测量的主要工作内容。

# 第 6 章　核电厂变形监测

变形监测，也称变形观测，主要用于检查各种工程建筑物和地质构造的稳定性，以便及时发现问题、分析原因，从而采取相应的措施，并改善运营环境，从而保证安全。此外，通过变形监测和变形分析，还可以更好地理解变形的机理，验证有关工程的设计理论、计算方法，建立正确的预报变形的理论和方法，为工程建筑的设计、施工、管理和科学研究提供基础数据支持。值得注意的是，本章所描述的工程建筑是建筑物和构筑物的统称，也称建筑物或工程建筑物。

通常情况下，变形监测具有以下特点：

1. 精度要求高

由于变形体变形速率和变形量小，为了准确了解变形体的变形特点，需要精确反映变形体的变化值，因此变形观测相对常规工程测量，精度要求更高。

2. 按一定的周期重复观测

为了观测变形体的变化特征，对布设在变形体上的变形监测点，采用定期重复观测方法。

3. 需要综合应用多种观测技术或手段

为适应不同规模、不同造型和施工难度的工程建筑的变形监测要求，变形观测过程中，会综合运用最新测绘技术理论或方法，使用不同类型的观测仪器，采用多种观测手段。

4. 数据处理方法严密

当变形体变形量小，甚至与观测误差处于同一个数量级时，必须采用更加严密的数据处理方法，以反映真实的变形状况。

5. 需要多学科知识的综合运用

确定变形监测精度，优化变形监测设计方案，合理分析变形监测成果，科学解释变形内在机理，需要综合运用测绘学、力学、工程结构和计算机等多学科知识。

核电工程变形监测主要包括厂区内核岛、常规岛等重要建筑物、设备基础、建筑场地、地基基础、水工建筑物、边坡等工程在施工和运营期间的变形监测。本章在介绍变形监测方法的基础上，结合核电厂变形监测工程实例，对核电变形监测方法及过程，进行系统的论述。

## 6.1　变形监测的方法

随着测绘、计算机和现代通信等科学技术的快速发展，变形监测技术更加丰富，监测手段更加多样。目前，变形监测的主要方法包括常规大地测量方法、基准线测量法、GPS 变形监测技术、3D 激光扫描技术、摄影测量方法、光纤传感检测技术和卫星遥测技术等。本节主要介绍垂直位移和水平位移监测的有关内容。

### 6.1.1 垂直位移观测

建筑物垂直位移观测是测定基础和建筑物本身在垂直方向上的位移。建筑物垂直位移观测应该在基坑开挖之前进行，贯穿于整个施工过程中，并延续到工程竣工后若干年，直到工程建筑沉降现象基本停止时为止。

垂直位移观测包括基坑回弹观测、地基土分层沉降观测、建筑物基础及建筑物本身的沉降观测、地表沉降观测等内容。目前观测垂直位移最常用的是水准测量方法，有时也采用液体静力水准测量方法。

1. 垂直位移观测内容

1)基坑回弹观测

大型基坑开挖、卸除地基土自重后，基坑内岩土层可能会回弹。为了观测基坑中地基的回弹现象，在施工前应布设地基回弹观测的工作基点和监测点(或称观测点)。监测点位置的选择，应根据基坑形状及地质条件、周边地形地物情况来确定，监测点布设有以下要求：

(1)基坑内，可在中央和距离基坑底边缘约 1/4 坑底宽度处以及其他变形特征位置处设监测点。对于方形、圆形基坑可按单向对称布设，矩形基坑可按纵横向布设，复合矩形基坑可多向布设。地质条件复杂时，应适当增加观测点位。

(2)基坑外监测点，应在所选坑内方向线的延长线上距离基坑深度 1.5~2 倍距离的范围内布设。

(3)在基坑外相对稳定、便于保存且不受施工影响的地点布设工作基点。

(4)观测路线应组成起讫于工作基点的闭合或附合路线，以便对观测结果进行检核。

建造深度为 8m 以上的基坑，应观测基坑的回弹。观测时所用的标志埋设在预留的钻孔中，标志顶部高程应低于基坑底 0.5m 左右。埋设时先将标志(一般为一节钢管，管顶焊一个半圆形端头，管壁带有孔眼)吊入钻孔底部，浇筑水泥砂浆，使标志与土层(岩层)固结。观测时，一般采用特制的钢尺(或钢线尺)悬吊重锤与标志顶部接触，如图 6-1-1 所示，测量时还需要多次将重锤拉上放下进行检查。定期地测量监测点与基准点的高差，求得监测点的高程，比较同一监测点不同时期的高程，可得出基坑回弹情况。

2)沉陷观测

沉陷观测是定期观测建筑物或受其影响的地表监测点的高程变化，以得到其沉陷量，并计算沉陷速率等指标。

对于中、小型厂房、民用建筑物和矿区的沉陷观测，可采用普通水准测量方法；而大型重要的混凝土建筑物，如大型工业厂房、高层建筑物、大型桥梁、混凝土大坝以及

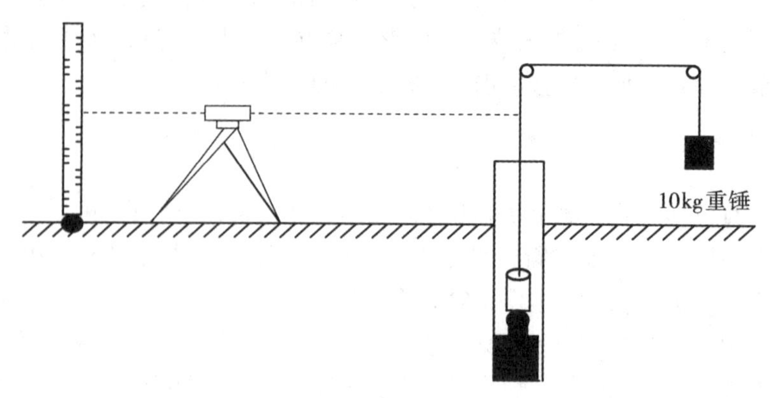


图6-1-1　基坑回弹观测

城市地面等的沉陷观测，则应采用精密水准测量的方法。水准测量时，水准路线应布设成附合或闭合路线。与一般的水准测量相比，沉陷观测水准线路视线较短，一般不大于25m，一次仪器安置可以观测多个前视点；在不同周期的重复观测中，仪器应尽可能安置在同一位置，以削弱系统误差的影响。

对于埋设在建筑物基础上的监测点，埋设标志稳定后要及时开始第一次观测。随着施工推进，如砌筑墙体或安装设备，直至工程竣工前，荷载会逐步增加，此阶段应按设计或规范要求，定期进行重复观测。工程竣工后，在运营期间，重复观测的周期可根据沉陷速度的快慢而定，每月、每季、每半年或每年观测1次，一直到沉陷完全停止为止。

由于工业与民用建筑物的范围一般不是很大，所以施测的水准路线不会很长。当路线的闭合差不超过1mm时，闭合差可按测站平均分配。如果监测点之间的距离相差很大，则闭合差可以按距离成比例分配。

在测定混凝土坝的基础沉陷和混凝土坝体本身在垂直方向的伸缩时，可在基础与坝顶适当位置埋设沉陷监测点，在靠近坝的下游两岸设置工作基点。判断工作基点是否稳定，需要用离坝较远的水准基点来进行连测检验。水准基点与工作基点之间的观测称为工作基点观测，工作基点与监测点之间的观测则称为监测点观测。

2. 垂直位移观测方法

1)工作基点观测

工作基点与水准基点之间所布设的水准环线，一般要求每千米水准测量高差中数的中误差不大于0.5mm，采用精密水准仪S05和因瓦水准尺进行测量。作业方法基本按一等水准测量规范进行，但由于工作条件不同，操作方法也不同，例如，沉陷观测的路线相对固定，为便于观测，并消除一些系统误差的影响，会在转点处埋设简便的金属标头作为不同时期观测用的立尺点。

由水准基点到工作基点的连测，每年进行1次或2次，尽可能固定观测的月份，即选择外界条件相近的情况进行观测，以减少外界条件对观测成果的影响。

水准环线分段观测时，往返观测的高差加标尺长度改正后计算往返高差较差，各段往返高差较差满足限差后，将环线闭合差按各测段长度进行分配，然后由水准基点的高程推算工作基点和沿线各水准点高程及其变化值，从水准点高程的变化，可以了解沿线地面的沉陷情况。

精密水准测量时，每千米水准测量高差中数的中误差计算公式为

$$\mu_{\text{km}} = \sqrt{\frac{[pdd]}{4n}} \tag{6-1-1}$$

式中，$p_i = \dfrac{1}{R_i}(i=1,\ 2,\ \cdots,\ n)$，其中 $n$ 为水准环线的测段数；$R_i$ 为各测段的路线长度，单位为 km；$d_i$ 为各测段往返观测高差的较差，单位为 mm，它们的权分别为 $p_i/2$。

式(6-1-1)的推导过程简述如下：

设每千米高差观测中误差为 $\mu_1$，各测段高差观测值的权 $p_i = \dfrac{1}{R_i}$，则每千米观测中误差(见参考文献[4]第 45 页中公式(2-125))

$$\mu_1^2 = \frac{[pdd]}{2n} \tag{6-1-2}$$

根据协方差传播律，则每千米高差中数观测方差

$$\mu_{\text{km}}^2 = \frac{\mu_1^2}{2} \tag{6-1-3}$$

于是

$$\mu_{\text{km}} = \sqrt{\frac{[pdd]}{4n}}$$

2) 监测点观测

监测点的沉陷是根据工作基点来测定的。对于建筑在基岩上的混凝土建筑物，其沉陷观测中误差要求不超过±1mm。一般采用精密水准仪，按二等水准测量操作规定进行施测。由于沉陷观测在施工过程中就已经开始，因此受施工干扰大，根据实测经验，对观测工作做如下补充规定：

(1) 设置固定的安置仪器点与立尺点，使往返或复测在同一路线上的固定点进行；

(2) 每次观测使用固定的仪器和标尺；

(3) 仪器至标尺的距离，最长不得超过 40m，每站的前后视距差不得大于 0.3m，前后视距累积差不得大于 1m，基辅差不得超过 0.25m。

测定监测点沉陷的水准路线大多设成两个工作基点之间的附合路线。每次观测值均要加标尺长度改正。根据视线短、每千米线路测站数多的特点，将附合路线闭合差按测段的测站数进行分配。然后，根据工作基点的高程推算各沉陷监测点的高程，将本次计算的各监测点高程与各点首次观测的高程进行比较，即可求得各监测点相对于该点首次观测的沉陷量(其符号规定下沉为正，上升为负)。还需指出，工作基点本身逐年也会下沉，但各次沉陷监测点高程仍以工作基点的首次高程作为起算高程，而将工作基点各

年的下沉量视为一个常数，在资料分析时一并考虑。

附合水准路线中的一测站高差中数的中误差计算公式为

$$\mu_{站} = \sqrt{\frac{[pdd]}{4n}} \tag{6-1-4}$$

式中，$p_i = \frac{1}{N_i}(i = 1, 2, \cdots, n)$，其中 $n$ 为水准环线的测段数；$N_i$ 为各测段的测站数；$d_i$ 为各测段往返观测高差的较差，单位为 mm，它们的权分别为 $p_i/2$。

离工作基点最远的监测点，其高程的测定精度最低。最弱点相对于工作基点的高程中误差计算公式为

$$m_{弱} = \mu_{站}\sqrt{K} \tag{6-1-5}$$

式中，$K = \frac{K_1K_2}{K_1 + K_2}$，$K_1$、$K_2$ 分别为两个工作基点至精度最弱点的测站数。

式(6-1-5)推导过程说明：

如图6-1-2所示，设最弱高程点 $P$ 距离工作基点 $A$、$B$ 的测站数分别为 $K_1$ 和 $K_2$，高差观测值的权分别为 $\frac{1}{K_1}$ 和 $\frac{1}{K_2}$，则 $P$ 点高程的权为两观测高差的权之和，即

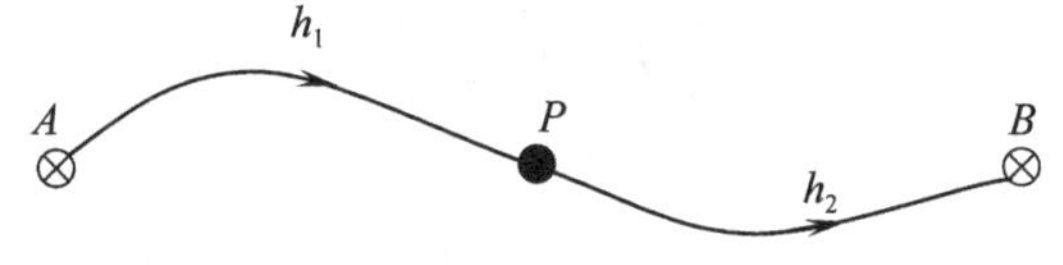


图6-1-2　最弱高程点示意图

$$p_{H_P} = \frac{1}{K_1} + \frac{1}{K_2} \tag{6-1-6}$$

根据权的定义，最弱点高程的方差

$$m_{弱} = \frac{\mu_0}{p_{H_P}} = \frac{\mu_{站}}{p_{H_P}} \tag{6-1-7}$$

式中，$\mu_0$ 表示单位权中误差，即每测站高差观测中误差，将式(6-1-6)代入，即可得到式(6-1-3)。

沉陷量是两次观测高差之差。因此，最弱点沉陷量的测定中误差为

$$m_{沉} = \sqrt{2}m_{弱} \tag{6-1-8}$$

应满足相应的规范或技术设计要求。

### 6.1.2　水平位移观测

1. 水平位移观测网

测定变形体的水平位移，需要在水平位移特征处设置监测点，称为水平位移监测

点。为了获取监测点的绝对位移，需要在变形区域之外设立稳定的点做参考，这样的参考点称为水平位移基准点，至少应有三个。基准点可采用带有强制归心装置的观测墩，用于提高观测仪器的对中精度。

当基准点远离监测的变形体时，为了便于观测，可在变形体区域离水平位移监测点较近、相对稳定的位置建立测站点，称为水平位移工作基点。为提高观测精度，工作基点可采用强制归心观测墩，在工作基点上直接对监测点进行观测。

由水平位移基准点和工作基点组成的测量网称为水平位移监测基准网。基准网需要定期复测，目的是检查基准网点的稳定性，并得到工作基点的位移量。

由水平位移监测点、水平位移工作基点和部分水平位移基准点组成的测量网称为水平位移监测网。当监测网不与基准点联系时，称为相对网；当监测网中包含基准点时，称为绝对网。相对网监测变形体的变形，绝对网获取变形体的整体位移。表 6-1-1 是《工程测量规范》为规范生产而设计的技术规格，实际应用中可根据监测项目的特点进行专项设计。

表 6-1-1　**水平位移监测(基准)网的主要技术要求**

| 等级 | 相邻基准点的点位中误差/mm | 平均边长/m | 测角中误差/(″) | 测边相对中误差 | 水平角观测测回数 | |
|---|---|---|---|---|---|---|
| | | | | | 1″仪器 | 2″仪器 |
| 一等 | 1.5 | ≤300 | 0.7 | ≤1/300 000 | 12 | — |
| | | ≤200 | 1.0 | ≤1/200 000 | 9 | — |
| 二等 | 3.0 | ≤400 | 1.0 | ≤1/100 000 | 9 | — |
| | | ≤200 | 1.8 | ≤1/100 000 | 6 | 9 |
| 三等 | 6.0 | ≤450 | 1.8 | ≤1/100 000 | 6 | 9 |
| | | ≤350 | 2.5 | ≤1/80 000 | 4 | 6 |
| 四等 | 12.0 | ≤600 | 2.5 | ≤1/80 000 | 4 | 6 |

变形监测中的测量工作大多属于精密工程测量范畴，相应的水平位移监测网和基准网属于精密工程控制网。基准网点的测量标志，要求加工简单，便于埋设、使用和保存，外形美观，还要求标志有较高的复位精度，并要求基准点有较高的稳定性。

2. 强制对中装置

监测标志要求具有较高的平面复位精度，即用于监测的仪器和工具在互换过程中，不应产生显著的对中差异。水平位移观测时，需要在标志点上安放仪器和觇标。

除垂球对中(对中精度约±3mm)、光学对中(对中精度约±1mm)外，强制对中是一种更精密的对中方法。强制对中采用机械接插件，其中一部分固定在标志顶部，其对称中心即作为平面标志的中心，另一部分与仪器或觇标连接，通过接插件使仪器或觇标的旋转中心精确地安置在平面标志的中心上。

强制对中装置的形式很多，最简单的方法是在观测墩顶面预先埋设基座中心连接螺旋，中心连接螺旋最好采用防锈的铜质或不锈钢材料。使用时将基座旋上，整平基座和仪器后即可进行观测，这种方式的对中精度可达±0.2mm。核电站强制观测墩是在墩顶面预先埋设基座，如图3-2-4所示，观测时只需将仪器装置与基座连接后进行整平即可。

3. 水平位移测量技术

可用于建筑物水平位移监测的技术很多，总体可分为常规大地测量方法、近景摄影测量方法、空间测量技术及专用测量方法四类。

1)常规大地测量方法

常规大地测量方法主要指用高精度测量仪器(如经纬仪、测距仪、全站仪等)测量角度、边长的变化来测定水平位移，是变形监测的主要手段之一。常用的监测方法主要有两方向(或三方向等)前方交会法、双边距离交会法、极坐标法、自由设站法、视准线法、小角法、测距法、三角网法、导线法和边角网法等。常规大地测量方法的优点如下：

(1)能够提供监测对象的变形状态，监控面积大，可以确定监测对象的变形范围和绝对位移量；

(2)通过组成网的形式，可以进行测量结果的校核和精度评定；

(3)灵活性大，能适用于不同的精度要求、不同形式的监测对象和不同的外界条件；

在监测自动化系统中，测量机器人正逐渐成为最主要的仪器，主要有固定式全自动持续监测和移动式半自动变形监测两种应用模式。

2)近景摄影测量方法

用近景摄影测量方法观测变形时，首先在变形体周围的稳定点上安置摄影机或录像机，对变形体摄影，然后通过内业量测和数据处理得到变形信息。近景摄影测量用于变形观测具有以下优点：

(1)像片信息量丰富，可以同时获得变形体上大批目标点的变形信息；

(2)摄影像片完整地记录了变形体在不同时间的状态，便于日后对成果的核查、比较和分析；

(3)外业工作量小、效率高、劳动强度低；

(4)可用于监测不同形式的变形(缓慢、快速或动态变形)；

(5)观测时不需要接触观测对象，可以观测人不易到达的地方。

数字摄影测量是目前使用较多的方法，实时在线数字摄影测量为变形监测提供了更加广阔的发展空间。

3)空间测量技术

空间测量技术包括全球导航卫星系统、雷达干涉测量技术、激光扫描技术等。

GNSS变形观测主要包括观测站的选择与标志建立、选择GNSS观测模式(定期重复观测或连续观测)、数据采集与传输及数据处理等过程，已广泛应用于地壳形变、大坝、边坡与高层建筑物等的变形观测。

InSAR数据处理过程包括SAR图像配准、干涉图的生成与滤波、参考面和地形影响去除、相位解缠和地理编码等，可用于地震形变探测及桥梁变形监测等。

4)专用测量方法

水平位移监测的专用方法包括应变测量和基准线测量，还可用测斜仪测量相对位移。与常规大地测量方法相比，具有如下特点：

(1)测量过程简单；

(2)容易实现自动化观测和连续观测；

(3)提供的是局部变形信息。

## 6.2 变形监测数据处理基础

《建筑变形测量规范》(JGJ 8—2016)指出，相邻两期变形监测点的变形分析可通过比较监测点相邻两期的变形量与测量极限误差来进行。如式(6-2-1)所示，当变形量小于测量极限误差时，可认为该监测点在这两期之间没有变形或变形不显著。即

$$\Delta < 2\mu\sqrt{Q} \tag{6-2-1}$$

式中：$\Delta$——两次观测期间的变形量；

$\mu$——单位权中误差，取两期平差结果中的单位权中误差的算术平均值；

$Q$——监测点变形量的协因数。

对多期变形监测成果，应综合分析多期的累积变形特征。当监测点相邻两期变形量小，但多期间变形量呈现出明显变化趋势时，应认为其有变形发生。

### 6.2.1 变形监测点的稳定性判别

变形监测点的稳定性判别，包括两个过程：

(1)识别监测点中的稳定点组，从而得到变形监测的起算基准。通常采用统计检验方法，即先做整体检验，判别出有动点存在后再作局部检验，找出变动点并予以剔除，最后确定出稳定点组；亦可采用按单点高程、坐标变差和观测量变差的$\mu$、$\chi^2$、$t$、$F$检验法，或采用按两期平差值之差与测量限差之比的组合排列检验法。

(2)以稳定点组为起算基准，对非稳定点的高程或坐标平差值的变化量$\Delta$，按式(6-2-1)进行判断，可以得出非稳定点是否发生变形以及变形的大小。

### 6.2.2 限差检验法

限差检验法的基本思想是：假定观测网中各个点都是等概率变形点，利用自由网平差方法求得各点坐标，根据两期观测可得各点的坐标差($\Delta x_i$，$\Delta y_i$)，如果点位位移值$\Delta x_i$、$\Delta y_i$大于该点点位中误差的$k$倍(即该点的极限误差，$k$一般取2或3)，则认为该点是不稳定点，否则，就认为该点是稳定点。

设平面控制网有$n$个点，进行两期观测，对两期观测分别作自由网平差，根据平差求得网中点第Ⅰ、Ⅱ两期的坐标，则该点坐标差为

$$\Delta x_i = x_i^{\mathrm{II}} - x_i^{\mathrm{I}}, \quad \Delta y_i = y_i^{\mathrm{II}} - y_i^{\mathrm{I}} \tag{6-2-2}$$

平差后，求得两期坐标权逆阵为 $Q_X^{\mathrm{I}}$、$Q_X^{\mathrm{II}}$，则 $Q_{\Delta X} = Q_X^{\mathrm{I}} + Q_X^{\mathrm{II}}$，当两期网形一致时，$Q_{\Delta X} = 2Q_X$。用 $q_{ij}$ 表示协因数阵 $Q_{\Delta X}$ 中的元素，则 $\Delta x_i$、$\Delta y_i$ 的中误差为

$$M_{\Delta x_i} = \mu_0 \sqrt{q_{\Delta x_i \Delta x_i}}, \quad M_{\Delta y_i} = \mu_0 \sqrt{q_{\Delta y_i \Delta y_i}} \tag{6-2-3}$$

取 $k$ 倍中误差作为极限误差，则可写出检验式

$$|\Delta x_i| \leqslant k\mu_0 \sqrt{q_{\Delta x_i \Delta x_i}}, \quad |\Delta y_i| \leqslant k\mu_0 \sqrt{q_{\Delta y_i \Delta y_i}} \tag{6-2-3}$$

式中，$\mu_0$ 为两期观测的单位权中误差的综合估计值，即

$$\mu_0 = \pm \sqrt{\frac{r_1\mu_1^2 + r_2\mu_2^2}{r_1 + r_2}} = \pm \sqrt{\frac{V_1^{\mathrm{T}}P_1V_1 + V_2^{\mathrm{T}}P_2V_2}{r_1 + r_2}} \tag{6-2-4}$$

当一个点的两个坐标差均满足式(6-2-1)时，被认为是稳定点，否则该点存在位移。

**例 6-2-1**　设有水准网如图 6-2-1 所示，各点的初始高程(单位：m)分别为：$H_1^0 = 0$，$H_2^0 = 3.371$，$H_3^0 = 1.999$，两期观测数据如表 6-2-1 所示，试用限差法判断点位的稳定性。

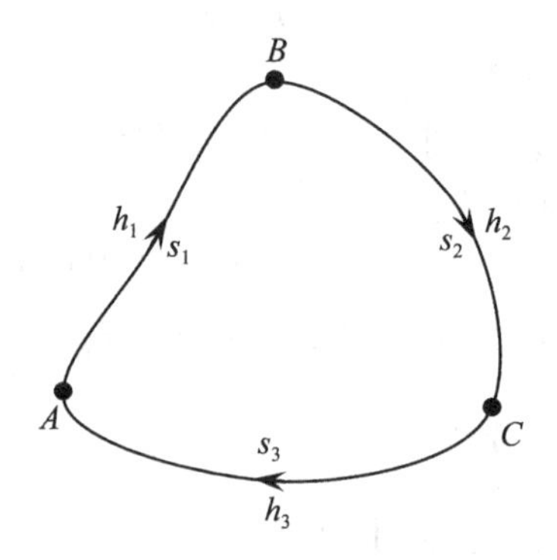


图 6-2-1　水准网示意图

表 6-2-1

| | $h_1$ /m | $h_2$ /m | $h_3$ /m | $S_1$ /km | $S_2$ /km | $S_3$ /km |
|---|---|---|---|---|---|---|
| 第 1 期 | 3.371 | -1.372 | -1.996 | 1 | 1 | 1 |
| 第 2 期 | 3.383 | -1.381 | -2.005 | 1 | 1 | 1 |

**解**：不影响一般性，不妨设该网各观测线路长度相同，则各观测高差的权阵为单位阵，即 $P = E$。

按自由网平差原理，先对第 1 期观测值进行自由网平差。其中，观测值误差方程：

$$V = \begin{bmatrix} -1 & 1 & 0 \\ 0 & -1 & 1 \\ 1 & 0 & -1 \end{bmatrix} \begin{bmatrix} \hat{x}_1 \\ \hat{x}_2 \\ \hat{x}_3 \end{bmatrix} + \begin{bmatrix} 0 \\ 0 \\ -3 \end{bmatrix}$$

进一步，分别得各点高程平差值、高程平差值协因数阵及单位权方差如下：

$$\begin{bmatrix}\hat{X}_1\\\hat{X}_2\\\hat{X}_3\end{bmatrix}=\begin{bmatrix}X_1^0+\hat{x}_1\\X_2^0+\hat{x}_2\\X_3^0+\hat{x}_3\end{bmatrix}=\begin{bmatrix}0+0.001\\3.371+0.000\\1.999-0.001\end{bmatrix}=\begin{bmatrix}0.001\\3.371\\1.998\end{bmatrix}\text{m},$$

$$Q_{\hat{X}}^{\mathrm{I}}=\frac{1}{9}\begin{bmatrix}2&-1&-1\\-1&2&-1\\-1&-1&2\end{bmatrix},\quad \mu_1=\pm\sqrt{\frac{V^{\mathrm{T}}PV}{n-t}}=\pm\sqrt{3}\,\text{m}$$

以第 1 期水准点观测结果的平差值为高程初值，进行第 2 期观测值的自由网平差，其平差结果为：

$$\begin{bmatrix}\hat{X}_1\\\hat{X}_2\\\hat{X}_3\end{bmatrix}=\begin{bmatrix}-0.006\\3.378\\1.998\end{bmatrix}\text{m},\quad Q_{\hat{X}}^{\mathrm{II}}=\frac{1}{9}\begin{bmatrix}2&-1&-1\\-1&2&-1\\-1&-1&2\end{bmatrix},\quad \mu_2=\pm\sqrt{\frac{V^{\mathrm{T}}PV}{n-t}}=\pm\sqrt{3}\,\text{m}$$

用限差检验法判断点位的稳定性。先计算单位权中误差及待定点高程平差值协因素阵：

$$\mu_0=\pm\sqrt{\frac{V_1^{\mathrm{T}}P_1V_1+V_2^{\mathrm{T}}P_2V_2}{r_1+r_2}}=\pm\sqrt{\frac{3+3}{1+1}}=\pm\sqrt{3}\,\text{m},\quad Q_{\Delta H}=\frac{2}{9}\begin{bmatrix}2&-1&-1\\-1&2&-1\\-1&-1&2\end{bmatrix}$$

计算高差平差值协因数：

$$q_{\Delta H_1}=q_{\Delta H_2}=q_{\Delta H_3}=\frac{4}{9}$$

取 $t=2$，即按式(6-2-1)对各点进行检验：

$$|\Delta H_1|=7\text{mm}<2\times\sqrt{3}\times\sqrt{\frac{4}{9}}=2.3\text{mm},\ \text{不成立；}$$

$$|\Delta H_2|=7\text{mm}<2\times\sqrt{3}\times\sqrt{\frac{4}{9}}=2.3\text{mm},\ \text{不成立；}$$

$$|\Delta H_3|=0\text{mm}<2\times\sqrt{3}\times\sqrt{\frac{4}{9}}=2.3\text{mm},\ \text{成立。}$$

因此，$C$ 点是稳定点，而 $A$、$B$ 点是移动点。

核电工程变形监测数据处理时，需要先对基准网进行稳定性分析，在此基础上，选择更合理的起算基准，从而得到各期变形监测点的坐标，并获得监测点的变形值，为后续变形分析提供数据支持。

## 6.3　核电厂变形监测要求与案例分析

### 6.3.1　核电厂变形监测要求

1. 一般规定

核电厂变形监测的基准网一般由次级网基准点和工作基点构成，变形监测点应埋设在监测体上变形明显且最能反映变形特征的部位，核电厂变形监测的等级及精度要求如表 6-3-1 所示。

表 6-3-1　**核电厂变形监测等级与精度要求**

| 等级 | 高程中误差/mm | 点位中误差/mm | 适 用 范 围 |
| --- | --- | --- | --- |
| 一级 | 0.5 | 3.0 | 核岛、常规岛等主体建筑物 |
| 二级 | 1.0 | 6.0 | 附属设施、边坡、水库坝体、码头、环廊基础等 |

注：1. 变形观测点的测量中误差指相对于邻近基准点的中误差；

2. 特定方向的中误差，可取表中相应中误差的 $1/\sqrt{2}$ 作为限值；

3. 特殊情况下监测精度要求可根据实际情况，在设计文件中确定。

首次观测时，宜连续进行两次独立观测，当两次较差不超过 2 倍中误差时应取其平均值作为变形监测初始值。不同周期的变形监测应符合下列规定：

(1)应选择良好的观测时段并在较短的时间内完成观测；

(2)应采用相同的网形或观测路线和观测方法；

(3)宜使用相同的仪器和设备；

(4)观测人员宜固定；

(5)应记录荷载、天气、温度、气压、相对湿度等环境因素；

(6)应采用统一基准处理数据。

2. 水平位移测量

(1)水平位移监测的水平角宜采用方向观测法，技术要求应符合表 6-3-2 中的规定。

表 6-3-2　**方向观测法技术要求**　(单位:″)

| 等级 | 仪器精度等级 | 测回数 | 两次照准目标读数差 | 半测回归零差 | 一测回 2C 差限差 | 同一方向各测回较差限差 |
| --- | --- | --- | --- | --- | --- | --- |
| 一级 | $DJ_{05}$ | 4 | 2 | 4 | 6 | 4 |
|  | $DJ_1$ | 6 | 3 | 6 | 9 | 6 |

续表

| 等级 | 仪器精度等级 | 测回数 | 两次照准目标读数差 | 半测回归零差 | 一测回 2C 差限差 | 同一方向各测回较差限差 |
|---|---|---|---|---|---|---|
| 二级 | $DJ_{05}$ | 2 | 4 | 6 | 9 | 6 |
| | $DJ_1$ | 4 | 6 | 8 | 12 | 9 |

注：当观测方向的垂直角超过 ±3° 的范围时，该方向的 2C 互差可按同一观测时段内相邻测回进行比较。

(2)水平位移监测的距离测量宜采用电磁波测距，其技术要求应符合表 6-3-3 的规定。

表 6-3-3　　**电磁波测距技术要求**

| 等级 | 仪器精度等级 | 测回数 | | 一测回读数较差限值/mm | 单程各测回较差限值/mm | 气象数据最小读数 | | 往返较差 |
|---|---|---|---|---|---|---|---|---|
| | | 往 | 返 | | | 温度/℃ | 气压/Pa | |
| 一级 | Ⅰ级 | 4 | 4 | 1 | 1.5 | 0.2 | 50 | $\leq 2(a+b\cdot D)$ |
| 二级 | Ⅰ级 | 2 | 2 | 1 | 1.5 | | | |
| | Ⅱ级 | 4 | 4 | 3 | 4 | | | |

注：1. 测回指照准目标 1 次，读数 2~4 次的过程；

2. 根据具体情况，测边可采取不同时间段代替往返观测；

3. 测量斜距应经气象改正和仪器加、乘常数改正后再进行水平距离计算；

4. 测距仪按 1km 测距中误差分为三级，Ⅰ级为 $|m_D|\leq$2mm；Ⅱ级为 2mm<$|m_D|\leq$5mm；Ⅲ级为 5mm<$|m_D|\leq$10mm。

(3)当采用交会法、极坐标法时，主要技术要求应符合下列规定：

①采用测角交会时，其交会角应为 60°~120°，并宜采用三方向交会；采用测边交会时，交会角宜为 30°~150°。

②极坐标法观测宜采用双测站极坐标法测定，其边长应采用电磁波测距仪测定。

③测站应采用有强制对中装置的观测墩，变形观测监测点可埋设安置反光镜或觇牌的强制对中装置或其他固定照准标志，也可采用光学垂准仪或天底仪对中。

(4)当采用小角法、照准线法时，主要技术要求应符合下列规定：

①视准线两端的延长线宜设立校核基准点；

②视准线应离开邻近障碍物 1m 以上；

③各测点偏离视准线的距离不应大于 2cm；采用小角法观测时可适当放宽，小角度不应超过 30°。

(5)边坡和高边坡监测的点位布设可根据边坡的高度，按上、中、下成排布点，其监测方法、精度和周期应符合下列规定：

①边坡的水平位移监测可采用交会法、极坐标法、GPS 测量等方法；

②边坡的水平位移监测精度应符合表 6-3-1 的要求；

③进行边坡监测时，可同时进行垂直位移观测，分析边坡位移的规律时，应将边坡的水平位移量和垂直位移量结合起来，综合判断；

④边坡监测周期宜每月观测一次，并可根据旱、雨季或位移速度的变化进行适当调整。

### 3. 垂直位移观测

核岛、常规岛等建筑物的垂直位移采用精密水准测量方法进行监测，在变形较大或不便于立尺的地方，可同时辅以静力水准法独立监测，单个构件可采用测微水准仪或机械倾斜仪、电子倾斜仪等进行观测。

沉降观测点的布设应符合下列规定：

(1)能够反映建筑物变形特征和变形明显的部位；

(2)标志应稳固、明显、结构合理，不影响建筑物的美观和使用；

(3)点位应避开障碍物，并应布设在有利于观测和长期保存的位置。

沉降观测记录，应注明观测时的气象情况和荷载变化。垂直位移监测的主要技术要求应符合表 6-3-4 的规定，水准测量观测的主要技术要求应符合表 6-3-5 的规定。

表 6-3-4　**垂直位移监测主要技术要求**

| 等级 | 相邻基准点高差中误差/mm | 每站高差中误差/mm | 往返较差、附合或环线闭合差限差/mm | 检测已测高差较差限差/mm |
|---|---|---|---|---|
| 一级 | 0.5 | 0.15 | $0.30\sqrt{n}$ | $0.4\sqrt{n}$ |
| 二级 | 1.0 | 0.3 | $0.60\sqrt{n}$ | $0.8\sqrt{n}$ |

注：$n$ 为测站数。

表 6-3-5　**水准观测主要技术要求**

| 等级 | 仪器精度等级 | 水准尺 | 基线长度/m | 前后视距较差/m | 前后视距差累积/m | 视线离地面最低高度/m | 基、辅分划读数较差/mm | 基、辅分划所测高差较差/mm |
|---|---|---|---|---|---|---|---|---|
| 一级 | DS05 | 因瓦 | 30 | 0.5 | 1.5 | 0.5 | 0.3 | 0.4 |
| 二级 | DS05 | 因瓦 | 50 | 2.0 | 3 | 0.3 | 0.5 | 0.7 |
| | DS1 | 因瓦 | 50 | 2.0 | 3 | 0.3 | 0.5 | 0.7 |

注：视距长度小于 5m，引测至观测墩等特殊情况下，视线高可适当放宽。

### 4. 数据处理与变形分析

变形观测工作结束后，应及时整理和检查外业观测手簿；当采用电子记录时，观测完毕后应及时将原始测量数据输出备份，编辑打印后，还应加注必要的说明。

内业资料整理应包括原始资料的整理、检查和变形观测点的成果汇总等内容。

变形测量内业计算和分析中的数字取位应符合表6-3-6的规定。

表6-3-6　**变形测量内业计算和分析中的数字取位要求**

| 类别 | 方向值/(″) | 边长/mm | 坐标/mm | 高程/mm | 水平位移/mm | 垂直位移/mm |
| --- | --- | --- | --- | --- | --- | --- |
| 一级 | 0.01 | 0.1 | 0.1 | 0.01 | 0.1 | 0.01 |
| 二级 | 0.1 | 1.0 | 1.0 | 0.1 | 1.0 | 0.1 |

水平位移测量结束后，宜提交下列资料：

(1)水平位移量成果表；

(2)水平位移测量报告；

(3)监测点平面位置图；

(4)水平位移量曲线图；

(5)有关荷载、温度、位移值相关曲线图等。

垂直位移测量结束后，宜提交下列资料：

(1)垂直位移量成果表；

(2)垂直位移测量报告；

(3)监测点平面位置图；

(4)位移速率、时间、位移量曲线图；

(5)荷载、时间、位移量曲线图等；

(6)等位移量曲线图；

(7)相应影响曲线图等。

### 6.3.2　核电厂变形监测实例

以国内某核电厂核岛沉降观测为例，介绍变形监测的有关内容。

1. 工程背景

为监测该核电厂核岛底板沉降，以确认底板沉降在规范允许的范围内，设计了底板沉降观测系统。沉降观测点布置如图6-3-1所示。

2. 技术要求

1)引用规范

(1)GB 50026—2007《工程测量规范》；

(2)JGJ 8—2016《建筑变形测量规范》；

(3)GB 50021—2001(2009年版)《岩土工程勘察规范》；

(4)GB 50007—2011《建筑地基基础设计规范》；

(5)DGJ 08-37-2012《岩土工程勘察规范》；

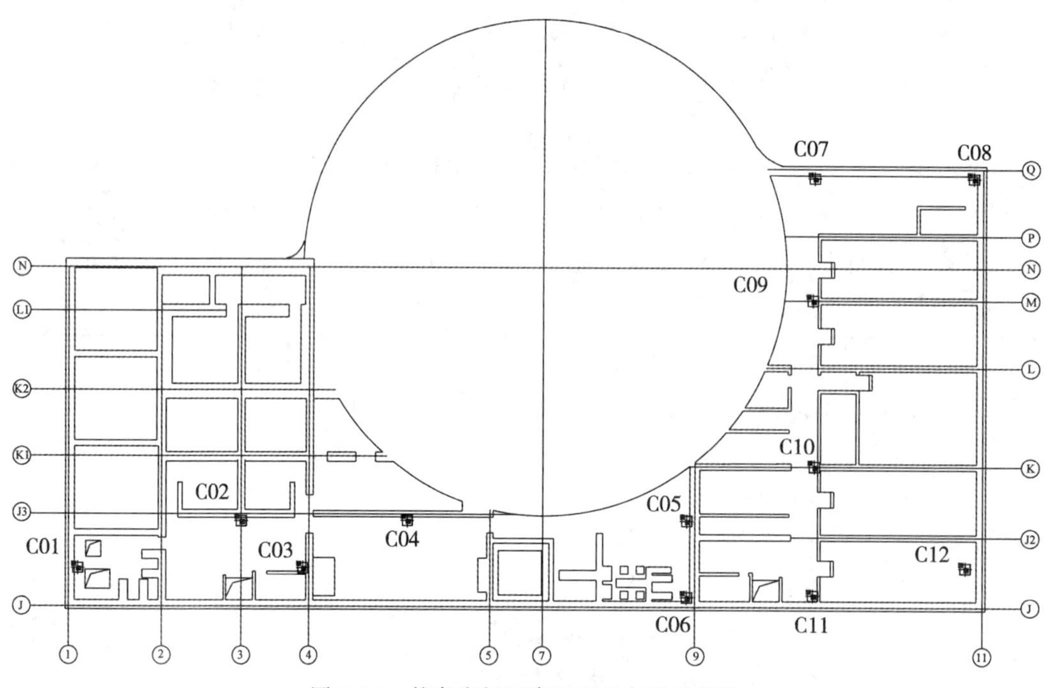


图 6-3-1　核岛底板沉降观测点布置示意图

(6)IAEA 50-SG-S8《核电厂场地评价和地基的岩土导则》;

(7)GB 50633—2010《核电厂工程测量技术规范》。

2)基准点布置及精度要求

基准点应位于施工期间不受破坏的位置，有利于长期保存和使用，能确保点位的稳定；要求布设于整个厂区特别是核岛厂房周围，由多个高程测量控制点组成，并能组成独立的环状、附合水准路线或水准网。

要求相邻点高差中误差≤±0. 5mm。

3)沉降观测点布置及精度要求

沉降观测点的布置应能全面反映核岛及地基的变形特征，并顾及地质情况及建筑结构特点；沉降观测点应覆盖整个核岛内、外轮廓，可以全面反映沉降情况；沉降观测点应位于施工期间不受破坏的位置，有利于长期保存和使用，能确保点位的长期稳定与可靠。

沉降观测点高差中误差≤±0. 5mm。

4)观测要求

沉降观测点高程从选定的高程基准点引测，水准路线布置成环线或网状。水准测量的技术要求按《工程测量规范》GB 50026—2007 中的二等水准测量执行，但最大视距控制在 25m 以内，观测次数往返各一次。高程计算至 0. 01mm。

每次测量工作要有原始记录，具体内容包括：仪器编号、观测者、记录者、观测日期、观测气象条件(如温度、大气压、相对湿度)、水准线路等。

要求在测量现场校核所有原始记录，并完成所有观测记录表格填写。

5)观测周期

沉降观测应在核岛底板施工完成后开始观测；核岛(底板以上)施工期间的沉降观测周期，应每增加1层且超过3个月观测1次；施工过程中，若暂停施工，在停工时及重新开工后应及时观测；停工期间可每隔3个月观测1次。

核岛结构封顶后，应每3个月观测一次。如果最后两个观测周期的平均沉降速率小于0.005mm/d，可以认为整体趋于稳定，如果各点的沉降速率均小于0.005mm/d，即可终止观测，否则应继续每3个月观测一次，直到建筑物稳定为止。

6)成果资料

观测成果应包括以下内容：

(1)测量原始记录复印件；

(2)所承担工程的说明及解释性草图；

(3)测量结果的总结图表；

(4)测量中遇到的难题及测量中的异常记录；

(5)质量保证机构所要求的技术资料或文件；

(6)沉降量、累计沉降量、沉降差、沉降速率及JGJ 8—2016《建筑变形测量规范》所规定的其他数据；

(7)水准标志点之间未修正的高差；

(8)对支水准点的标高由两次测量结果的平均值，再按照参考点的校正值来确定；

(9)各测点高程平差值；

(10)所有计算都精确到0.01mm，并且四舍五入至0.01mm，高程成果精确至0.1mm；

(11)变形观测所用仪器的检定证书和检查记录；

(12)测量人员的资质证书；

(13)变形观测进度计划。

3. 观测成果

1)沉降观测结果(节选)

按有关规范对观测数据进行处理，节选部分点位沉降情况见表6-3-7。

表6-3-7 **沉降观测成果表**

| 观测点 | 首次观测 | 第一次 | | | | 第二次 | | | |
|---|---|---|---|---|---|---|---|---|---|
| | 2018/3/22 | 2018/6/27 | | | | 2018/10/5 | | | |
| | 高程/m | 高程/m | 本次沉降量/mm | 累积沉降量/mm | 本次沉降速率/(mm/d) | 高程/m | 本次沉降量/mm | 累积沉降量/mm | 本次沉降速率/(mm/d) |
| C01 | -1.8855 | — | — | — | — | -1.8871 | 1.6 | 1.6 | 0.0081 |

续表

| 观测点 | 首次观测 | 第一次 | | | | 第二次 | | | |
|---|---|---|---|---|---|---|---|---|---|
| | 2018/3/22 | 2018/6/27 | | | | 2018/10/5 | | | |
| | 高程/m | 高程/m | 本次沉降量/mm | 累积沉降量/mm | 本次沉降速率/(mm/d) | 高程/m | 本次沉降量/mm | 累积沉降量/mm | 本次沉降速率/(mm/d) |
| C02 | -1.9277 | -1.9285 | 0.8 | 0.8 | 0.0082 | -1.9291 | 0.6 | 1.4 | 0.0060 |
| C03 | -1.9183 | -1.9199 | 1.6 | 1.6 | 0.0165 | -1.9203 | 0.4 | 2.0 | 0.0040 |
| C04 | -1.9229 | -1.9240 | 1.1 | 1.1 | 0.0113 | -1.9246 | 0.6 | 1.7 | 0.0060 |
| C05 | -1.9250 | -1.9258 | 0.8 | 0.8 | 0.0082 | -1.9264 | 0.6 | 1.4 | 0.0060 |
| C06 | -1.8972 | -1.8995 | 2.3 | 2.3 | 0.0237 | -1.8997 | 0.2 | 2.5 | 0.0020 |
| C07 | -1.9223 | -1.9235 | 1.2 | 1.2 | 0.0124 | -1.9243 | 0.8 | 2.0 | 0.0080 |
| C08 | -1.9093 | -1.9116 | 2.3 | 2.3 | 0.0237 | -1.9114 | -0.2 | 2.1 | -0.0020 |
| C09 | -1.9305 | -1.9308 | 0.3 | 0.3 | 0.0031 | — | — | — | — |
| C10 | -1.9193 | -1.9194 | 0.1 | 0.1 | 0.0010 | -1.9201 | 0.7 | 0.8 | 0.0070 |
| C11 | -1.9221 | -1.9242 | 2.1 | 2.1 | 0.0216 | -1.9243 | 0.1 | 2.2 | 0.0010 |
| C12 | -1.6214 | -1.6230 | 1.6 | 1.6 | 0.0165 | -1.6228 | -0.2 | 1.4 | 0.0020 |

| 观测点 | 首次观测 | 第三次 | | | | 第四次 | | | |
|---|---|---|---|---|---|---|---|---|---|
| | 2018/3/22 | 2019/12/24 | | | | 2020/4/2 | | | |
| | 高程/m | 高程/m | 本次沉降量/mm | 累积沉降量/mm | 本次沉降速率/(mm/d) | 高程/m | 本次沉降量/mm | 累积沉降量/mm | 本次沉降速率/(mm/d) |
| C01 | -1.8855 | -1.8852 | -1.9 | -0.3 | -0.0238 | -1.8868 | 1.6 | 1.3 | -0.0162 |
| C02 | -1.9277 | -1.9292 | 0.1 | 1.5 | 0.0012 | -1.9285 | -0.7 | 0.8 | 0.0071 |
| C03 | -1.9183 | -1.9201 | -0.2 | 1.8 | -0.0025 | — | — | — | — |
| C04 | -1.9229 | -1.9246 | 0.0 | 1.7 | 0.0000 | -1.9240 | -0.6 | 1.1 | 0.0061 |
| C05 | -1.9250 | -1.9266 | 0.2 | 1.6 | 0.0025 | -1.9263 | -0.3 | 1.3 | 0.0030 |
| C06 | -1.8972 | -1.8983 | -1.4 | 1.1 | -0.0175 | — | — | — | — |
| C07 | -1.9223 | -1.9238 | -0.5 | 1.5 | -0.0062 | -1.9236 | -0.2 | 1.3 | 0.0020 |
| C08 | -1.9093 | -1.9079 | -3.5 | -1.4 | -0.0438 | -1.9092 | 1.3 | -0.1 | -0.0131 |
| C09 | -1.9305 | -1.9320 | 1.2 | 1.5 | 0.0150 | -1.9312 | -0.8 | 0.7 | 0.0081 |
| C10 | -1.9193 | -1.9208 | 0.7 | 1.5 | 0.0088 | -1.9200 | -0.8 | 0.7 | 0.0081 |
| C11 | -1.9221 | — | — | — | — | — | — | — | — |
| C12 | -1.6214 | -1.6205 | -2.3 | -0.9 | -0.0287 | -1.6216 | 1.1 | 0.2 | 0.0111 |

2) 观测点沉降值柱状图(节选)

如图 6-3-2 所示，通过点的变形柱状图，能直观显示所在区域的变形规律。

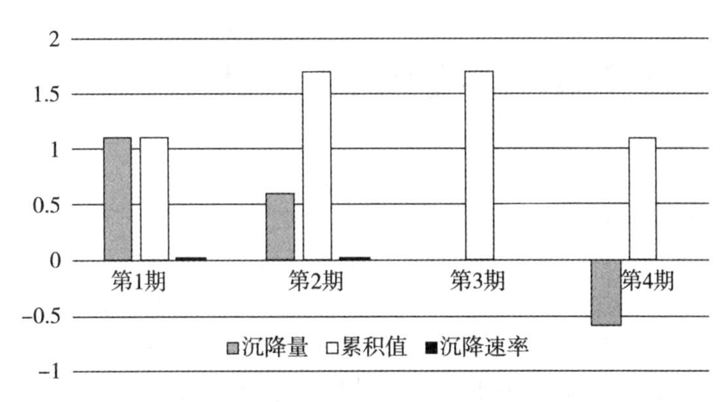


图 6-3-2 沉降值、累积沉降值及沉降速率直方图

以点 C04 为例，连续 4 期沉降值、累积沉降值及沉降速率如表 6-3-8 所示，其柱状图如图 6-3-2 所示。

表 6-3-8 **沉降值、累积沉降值及沉降速率表**

| 沉降值/mm | 累积沉降值/mm | 沉降速率/(mm/d) |
|---|---|---|
| 1.1 | 1.1 | 0.0113 |
| 0.6 | 1.7 | 0.0060 |
| 0.0 | 1.7 | 0.0000 |
| -0.6 | 1.1 | -0.0061 |

## ◎ 思考题

1. 简述变形监测的原理和基本方法。
2. 简述变形监测时点位稳定性判别的基本方法。
3. 简述核电工程测量中变形监测的基本内容。
4. 简述核电工程测量中变形监测成果应包含哪些内容。
5. 结合工程背景，论述设计变形监测方案的基本原则。

# 第7章　核电厂工程测量管理

管理是指特定组织中的管理者，通过实施计划、组织、领导、协调、控制等职能，合理使用各种资源，调动人的积极性和创造性，共同实现既定目标的活动过程。广义的管理是指应用科学的手段，合理安排组织社会活动，维持正常的生产关系，促进生产力的发展；狭义的管理是指为保证实现单位目标而实施的一系列计划、组织、协调、控制和决策的活动。管理的基本原则是以最少的资源投入和耗费，取得最佳的经济和社会效益。本章结合核电测量工程管理，对核电测绘工作中的人员资质、仪器设备、工作程序、质量和安全控制等管理工作进行较系统的介绍。

## 7.1　测量管理目标

测量工作是核电工程建设过程中的重要组成部分，在核电厂建设、运营及维护期间都具有十分重要的意义。核电测量成果主要为满足核电厂基础设施建设，核反应与发电设备定位、安装及调试要求，为核电厂按生产进度计划正常进行及安全运营提供测绘支持。良好的测量管理工作，能充分发挥测绘的基础保障作用。

测量管理的目标，是满足核电厂建设总规划过程中各个阶段对测绘工作的要求，并在规定的时间内，尽量降低工作成本，保证工作质量和安全目标，满足工程要求，分述如下。

### 7.1.1　时间目标

时间目标就是在规定的时间内完成相应阶段的测量任务。核电建设不同阶段对应的测量任务不同，采用的技术标准或规格不一样，测量的工序也不尽相同。测量工作包括收集或熟悉施工图纸和有关文件，明确进度要求和精度标准，在规定的时间内完成技术设计、控制测量、施工放样、变形监测、成果检查验收、资料整理与归档等工作。

### 7.1.2　成本目标

任何测量工作均期望在保证质量的基础上，以最少的消耗完成目标任务。核电工程测量成本包括人工成本、设备成本及消耗材料成本三类。根据核电工程建设不同阶段和不同的测量内容，合理配备测量主管工程师、测量技术人员和测量员、仪器设备数量，做到人尽其才，物尽其用，优化单位内部人员与资源调配，实现成本目标。

### 7.1.3 质量目标

质量目标是指测量工作最终必须满足的技术要求或标准。质量控制是测量工作目标控制的核心。质量控制的基本依据包括：

(1)核电工程的合同文件；

(2)经审核批准生效后的技术设计文件和技术方案；

(3)国家或地方颁布的有关测绘法律法规和规范；

(4)有关质量检查检验的国家规范和行业标准。

核电工程测量成果质量控制实行“两级检查，一级监理和一级监督”制度。施工单位是质量保证第一责任人，“两级检查”指施工单位作业小组对测量成果的自查和单位专职质检人员对成果的复查。自查即要求作业小组成员除对自身作业成果进行自检外，小组成员间还应对作业成果进行互检。复检是指单位专职质检人员对作业过程进行监督，并可结合测量工作内容性质对作业小组提交的成果进行复核或复测。“一级监理”指在施工单位两级检查合格的基础上，监理单位的测量专业监理人员，对施工单位报送的测量成果进行审查。审查可根据实际情况，按监理程序规定进行抽查、复测或资料审核。“一级监督”是指核电工程建设单位对经过“两级检查，一级监理”后的测量成果进行审查。凡涉及关键技术、重要部位或隐蔽工程部位的测量成果，监理单位和建设单位应依据质量计划书选取的质量控制点，进行重点监督与复测，实现质量控制目标。

## 7.2 测量管理内容

### 7.2.1 核电建设测绘资质管理

核电建设测绘资质实行动态管理。当前，从事核电工程测量工作的技术人员，大多数隶属于与核电工程建设相关的施工、监理与建设单位，除少数核电站在建设初期会将厂区地形测量、次级控制网建设等部分测量工作，委托具有测绘资质的专业测绘单位承担外，核电建设过程中大量的控制基准点加密、施工放样及测绘成果的监理与审查均由核电参建单位的相关测绘人员实施。核电参建单位一般由国有大中型建筑、安装或设备制造企业、监理公司构成，参建单位一般不单独设置测绘部门并申请测绘资质。随着我国核电事业的发展和测绘管理手段的完善，对测绘技术人员的综合能力要求不断提升，对参建单位及测绘人员的资质和能力要求将越来越明确、规范。

1. 测量人员资质管理及人员培训

测量人员的综合素质是保障测量成果质量的基础。要求施工单位测量项目负责人必须由具有三年以上核电测量经验的测量工程师担任，随着注册测绘师制度的实施，测量负责人和主要技术人员必须取得注册测绘师资格，以满足核电总承包模式下的测量管理。

在EPC(Engineering Procurement Construction)模式管理下，分包方测量人员不仅要取得本单位内部专业培训合格证，而且还要取得国家法定的测量人员操作证，经总承包单位审核后，方可进入现场进行测量作业。

2. 测绘仪器管理

核电工程测量过程中，使用的测绘仪器包括光学仪器、电子仪器及融合光、机、电、算相结合的仪器等。测绘仪器在运输、使用和保管过程中，受外界因素的影响，可能造成光学部件长霉、起雾，电子部件受潮，金属部件生锈、磨损等现象，造成部件损坏，影响仪器精度或正常使用。正确操作、科学保养测量仪器是保障测量成果质量、延长仪器使用寿命的重要条件。

(1)仪器使用单位要有完善的测量仪器管理制度，设置专职或兼职岗位，负责仪器设备的保管、检校、养护和一般的鉴定、修理。建设单位、监理单位需对施工单位的测量仪器管理程序和程序执行情况进行跟踪检查，确保程序有效实施。

(2)核电工程测量使用的测绘仪器，包括钢尺、水准仪、全站仪、GPS等，必须按规定的检定周期，接受法定计量检定机构的检定，并取得检定合格证书。各仪器设备与对应的检定证书，按规定报送监理和建设单位，并经审核验证同意后，方可投入现场使用。仪器在检定有效期使用时，要求检定合格证标识清楚，每次作业前，进行必要的指标检测，确保仪器状态正常。

### 7.2.2 核电建设测量作业安全管理

安全管理关系人的生命和财产安全，应坚持“安全第一，预防为主，综合治理”的方针，遵守《中华人民共和国安全生产法》等有关安全法律法规，建立、健全安全生产管理机构、安全生产管理制度和安全保障及应急救援体系，配备安全管理人员，完善安全生产条件，强化安全生产教育培训，加强安全生产管理，确保安全作业。

1. 加强建设单位自身安全管理

核电总包方必须坚持“管生产必须管安全”“谁主管谁负责”和“全员安全(即管业务必须管安全的一岗双责)”责任制度。根据全员安全责任制，建设单位将安全生产目标逐级分解，细化到每个基层部门及岗位。测量管理人员认真落实责任范围内的安全生产工作，服从单位统一管理，按时上报各类安全生产信息，杜绝违反劳动纪律和冒险的作业行为，全面负责测量安全生产。

2. 加强各分包单位测量安全管理

签订年度安全生产责任书，实行年度考核、考核结果与过程评价相统一、定性和定量评价相结合的制度。对测量安全工作的奖罚实行精神与物质鼓励相结合、批评教育与经济处罚相结合的原则，以奖惩为手段，以教育为目的。测量工作方案和程序中，必须包含相应的安全技术措施，确保作业安全。分包单位测量负责人也是安全作业第一责任人，作业时必须有专职或兼职安全管理人员实时监督，保障测量作业人员和设备的安全。

建设和监理单位进行不定期的安全监督、检查或旁听分包单位测量作业前的安全会议、安全技术交底，检查交底记录情况。

3. 日常巡查

参建单位需加强施工现场的日常巡查工作，包括：

(1)人的不安全行为。如高空作业不系安全绳或安全带等。

(2)仪器的不安全状态。如测量仪器架设不安全，仪器操作不规范等。

(3)组织管理不力。如交叉作业时的安全隐患排查不周全，存在冒险作业行为等。

巡查过程中，对存在安全隐患的作业场所，必须进行隐患清除，对不安全的作业行为，应立即制止，并记录在案。对情节较轻者进行批评教育，情节严重者，进行通报批评，并予以经济处罚。

### 7.2.3 核电建设测量工作的质量控制

质量控制，是指在核电工程测量过程中的不同阶段和各个环节，对影响测量成果质量的主导因素进行有效的控制，预防、减少或消除质量隐患或缺陷，满足工程建设对测量成果的质量要求。

测量成果质量控制的主体包括自控主体和监控主体。自控主体是指直接从事测量作业的施工人员，质量控制从生产者的角度进行；监控主体是指监控作业实施者质量能力和效果的管理人员，质量控制则从产品需求者的角度进行。

1. 质量控制的原则

1)坚持质量第一

测量成果质量直接影响核电施工及设备安装等工作质量，对核电厂建设质量具有重要影响，应自始至终把“质量第一”作为工程质量控制的基本原则。

2)坚持以人为中心

参与核电工程测量的技术管理人员，既是测量工作的实施者，也是测量管理工作的决策者和组织者。核电工程建设过程中，不同单位管理制度的完善程度，同一单位不同部门测量人员的技术水平和工作质量均直接或间接地影响测量成果质量。提高测量人员素质，完善管理制度，是提高测量成果质量的重要保证。

3)坚持预防为主

测量工作成果质量控制应该是积极主动的，应事先对影响质量的各种因素加以控制，而不能是消极被动的，因为测量工作一旦出现质量问题，一定会对工程进度、工程质量产生负面影响，甚至造成巨大的事故灾害。

4)坚持质量标准

质量标准是评价测量成果质量的唯一尺度，测量成果是否符合合同、设计标准或技术规范等的质量标准要求，应通过质量检验，以数据等客观资料为依据，与质量标准对照，符合质量标准要求的成果，才是合格成果，不符合质量标准要求的不合格成果，必须按照不符合项处理要求进行后续处理工作。

2. 测量成果质量控制的主要工作

1）测量程序的管理

核电建设测量工作开始前，针对核电建设不同阶段，需要制定相应的测量工作程序或测量方案等指导性技术文件。测量程序或方案的优劣，对指导测量作业是否科学、有效具有重要的影响，在保证测量工作质量以及进度与成本控制中发挥着重要作用。

由分包单位制定的测量程序，关键工序、关键部位的专项测量技术方案等，核电建设运营方应根据设计文件要求，依据测量规范、合同文件等，组织监理、相关专业及测量专家进行综合评审，确保测量程序或测量方案在技术上的先进性、有效性和安全性，专业监理人员接受建设单位的委托和领导，监督方案正确执行。

2）质量控制点的设置和选择

质量控制点是指为了保证作业过程质量而确定的控制对象、控制部位或控制环节。合理设置质量控制点是保证核电厂建设质量的关键措施之一，可保证各工序处于受控状态。在工程建设、产品制造或运行检修过程中，需要重点控制的质量特性、关键部位或薄弱环节，应在质量计划文件中设置质量控制点，实施质量控制。预先科学设置质量控制点，能有效防范成果超限甚至返工，避免损失。核电建设质量控制点有 3 种：H 点（停工待检点）、W 点（见证点）和 R 点（施工记录报告点）。

H（hold point）点：是指工程建设、产品制造或运行检修过程中的质量控制点，未经质量检查签证，不得越过该点继续活动。

W（witness point）点：是指工程建设、产品制造或运行检修过程中需进行见证的特定点。

R（record point）点：是由建设单位或监理单位人员对承包商/设备供方提交的原始凭证、检验报告、施工过程记录等资料进行审查，确认检验合格后签署放行的见证点。

在质量管理过程中，宜结合施工单位的实际，科学、有效地选取适当的质量控制点。

以某核电站 4 号反应堆第五层钢衬里筒身安装施工为例，承建单位根据筒体安装工艺过程，制订质量计划。监理和建设单位在质量计划上选点情况如表 7-2-1 所示。承建单位报送的质量计划开启，标志准备工作已经就绪，即“工作先决条件”项已经具备，如施工程序或施工方案已审核通过，原材料和预制构件质量已通过验收，施工人员资格、仪表标定等标准明确并得到有效贯彻，说明该项工程可以正式进入施工状态。监理、业主在承建单位质量计划中同时选择先决条件项为 H 点，表明施工开始前，不经过监理或业主签字放行，承建单位不能进入“筒体壁板安装”等后续工作；承建单位先决条件中所列各分项必须经过监理和建设单位的检查，确认先决条件完全满足，由有关验证人签字批准后，施工方才能根据质量计划安排，依次进行“筒身壁板安装”和“贯穿件安装”等后续工作；同时，各分项工作必须依据监理或建设单位选定的质量控制点，在工作开始前通知监理或建设单位有关人员进行见证等工作，且施工过程中，上一工序完全满足要求后方可进入下一工序，保证各施工工序完全处于受控状态。当筒体壁板安装工作全部结束，施工单位将全部有效的施工文件、检查与验收资料、施工过程中出现的不符合项处理记录等材料整理归档，由监理和建设单位有关人员验收合格后，在“安装审核”项上签字，表明该项工作圆满完成。质量计划配合进度计划等施工管理文件，有效控制工程建设质量，更好地满足工程建设要求。

表 7-2-1　　**钢衬里第五层筒体壁板安装质量计划**

| 钢衬里第五层筒体壁板安装质量计划 | | | | | SL—钢结构队　QC—质检<br>MD—器材部　QA—质保<br>NDT—无损检测　TD—技术部 | | | | H—停工待检点<br>W—见证点<br>R—报告点 |
|---|---|---|---|---|---|---|---|---|---|
| 序号 | 部件及制作工艺 | 适用文件及标准(或编号) | 版本 | 执行单位 | 监理单位 | | 建设单位 | | 不符合项说明及备注 |
| | | | | | 选点 | 验证人 | 选点 | 验证人 | |
| 1. | **工作先决条件** | | | | H | | H | | |
| 1.1 | 施工设计文件 | | | SL | | | | | |
| 1.2 | 施工程序、方案 | PYWRCX21432TNHA42SS | A | SL | | | | | |
| 1.3 | 钢材确认 | 钢材验收资料 | | | | | | | |
| 1.4 | 焊材确认 | PYW00020404TNHA42SS | A | SL | | | | | |
| 1.5 | 预制构件确认 | 预制放行单或合格证 | | SL | | | | | |
| 1.6 | 人员资格确认 | PYW11000138TNHA04GN | A | SL | | | | | |
| 1.7 | 仪表标定 | PYW00000407TNHA42SS | A | SL | | | | | |
| 1.8 | 焊接文件确认 | PYW11000132TNHA04GN | A | SL | | | | | |
| 2 | **筒体壁板安装** | | | | | | | | |
| 2.1 | 定位放线 | PYWRCX21432TNHA42SS | A | SL | H | | | | |
| 2.2 | 预制件就位 | PYWRCX21432TNHA42SS | A | SL | | | | | |
| 2.3 | 板与板组对 | PYWRCX21432TNHA42SS | A | SL | W | | W | | |
| 2.4 | 纵向坡口检查 | PYW00000402TNHA42SS | A | SL | W | | W | | |
| 2.5 | 焊接 | PYW00021430TNHA42SS | A | SL | W | | W | | |
| 2.6 | 焊缝外观检查 | PYW00020720TNHG42SS | D | NDT | | | | | |
| 2.7 | 真空盒检查 | PYW00020721TNHG42SS | F | NDT | R | | W | | |
| 2.8 | 液体渗透检查 | PYW00020719TNHG42SS | F | NDT | W | | W | | |
| 2.9 | 射线检测 | PYW00020716TNHG42SS | D | NDT | | | | | |

续表

| 序号 | 部件及制作工艺 | 适用文件及标准(或编号) | 版本 | 执行单位 | 监理单位 | | 建设单位 | | 不符合项说明及备注 |
|---|---|---|---|---|---|---|---|---|---|
| | | | | | 选点 | 验证人 | 选点 | 验证人 | |
| 2.10 | 射线照片评定 | RCC-M/S7714.3 | D | NDT | R | | W | | |
| 2.11 | 环向焊缝组对 | PYWRCX21432TNHA42SS | A | SL | W | | W | | |
| 2.12 | 环向坡口检查 | PYW00000402TNHA42SS | A | SL | W | | W | | |
| 2.13 | 焊接 | PYW00021430TNHA42SS | A | SL | W | | W | | |
| 2.14 | 焊缝外观检查 | PYW00020720TNHG42SS | D | NDT | | | | | |
| 2.15 | 真空盒检查 | PYW00020721TNHG42SS | F | NDT | R | | W | | |
| 2.16 | 液体渗透检查 | PYW00020719TNHG42SS | F | NDT | W | | W | | |
| 2.17 | 射线检测 | PYW00020716TNHG42SS | D | NDT | | | | | |
| 2.18 | 射线照片评定 | RCC-M/S7714.3 | D | NDT | R | | W | | |
| 2.19 | 收缩缝加工 | PYW00000402TNHA42SS | A | SL | | | | | |
| 2.20 | 收缩缝组对 | PYWRCX21432TNHA42SS | A | SL | W | | W | | |
| 2.21 | 坡口检查 | PYW00000402TNHA42SS<br>《坡口加工作业程序》 | A | SL | W | | W | | |
| 2.22 | 焊接 | PYW00021430TNHA42SS | A | SL | W | | W | | |
| 2.23 | 焊缝外观检查 | PYW00020720TNHG42SS | D | NDT | | | | | |
| 2.24 | 真空盒检查 | PYW00020721TNHG42SS | F | NDT | R | | W | | |
| 2.25 | 液体渗透检查 | PYW00020719TNHG42SS | F | NDT | W | | W | | |
| 2.26 | 射线检测 | PYW00020716TNHG42SS | D | NDT | | | | | |
| 2.27 | 射线照片评定 | RCC-M/S7714.3 | D | NDT | R | | W | | |
| 2.28 | 加劲角钢焊接 | PYW00021430TNHA42SS | A | SL | W | | W | | |
| 2.29 | 焊缝外观检查 | PYW00020720TNHG42SS | D | NDT | | | | | |
| 2.30 | 液体渗透检查 | PYW00020719TNHG42SS | F | NDT | W | | W | | |
| 2.31 | 上口余量切割 | PYWRCX21432TNHA42SS | A | SL | H | | | | |
| 2.32 | 上口半径及标高检查 | PYWRCX21432TNHA42SS | A | SL | R | | R | | |
| 3 | **贯穿件安装** | | | | | | | | |
| 3.1 | 安装位置放线 | PYW00022428TNHA42SS | A | SL | H | | H | | |
| 3.2 | 切割衬里板 | PYW00022428TNHA42SS | A | SL | H | | H | | |

续表

| 序号 | 部件及制作工艺 | 适用文件及标准(或编号) | 版本 | 执行单位 | 监理单位 | | 建设单位 | | 不符合项说明及备注 |
|---|---|---|---|---|---|---|---|---|---|
| | | | | | 选点 | 验证人 | 选点 | 验证人 | |
| 3.3 | 贯穿件与衬里板组对及坡口检查 | PYW00022428TNHA42SS | A | SL | W | | W | | |
| 3.4 | 贯穿件加固 | PYW00022428TNHA42SS | A | SL | | | | | |
| 3.5 | 焊接 | PYW00022428TNHA42SS | A | SL | W | | W | | |
| 3.6 | 焊缝外观检查 | PYW00020720TNHG42SS | D | NDT | | | | | |
| 3.7 | 真空盒检查 | PYW00020721TNHG42SS | F | NDT | R | | W | | |
| 3.8 | 液体渗透检查 | PYW00020719TNHG42SS | F | NDT | W | | W | | |
| 3.9 | 射线检查 | PYW00020716TNHG42SS | D | NDT | | | | | |
| 3.10 | 射线照片评定 | RCC-M/S7714.3 | D | NDT | R | | W | | |
| 3.11 | 连接件焊接 | PYW00022428TNHA42SS | A | SL | W | | W | | |
| 3.12 | 焊缝外观检查 | PYW00020720TNHG42SS | D | NDT | | | | | |
| 3.13 | 破坏性试验 | B.T.S 3.15 | $A_0$ | SL | W | | W | | |
| 3.14 | 贯穿件位置检查 | | | SL | H | | H | | |
| **4** | **安装竣工审核** | | | **SL** | **H** | | **H** | | |

3)不同主体的管理方法

(1)施工方测量管理

为保证测量成果质量，测量工作实施前，必须依据批准的测量程序或技术方案进行技术交底，了解作业意图和任务，明确作业程序、质量标准、成果检查方法，并保留交底资料，供有关人员核查。

(2)监理方测量管理

监理过程贯穿核电测量工作始终，对保证工程质量起着非常关键的作用。核电工程测量监理单位接受建设单位授权，负责制定监理工作程序或监理测量实施细则，对施工方人员资质、仪器设备、测量程序、测量过程及测量成果进行全方位监督检查，并及时反馈监理结果，根据需要报建设单位审核或备案。

(3)建设单位测量管理

建设单位是核电建设测量工作的最高层级管理者，建设单位依据国家有关法律法规及设计文件的要求，制定核电测量技术标准和管理规范，对监理单位和施工单位测量工作进行综合管理，协调施工、监理与设计等单位。

### 7.2.4　核电建设测量作业进度管理

工程项目进度管理是指通过有效的进度控制工作和具体的进度控制措施，在满足质量、安全等要求前提下，使工程的实际工期不超过计划工期。核电建设测量作业进度管理，主要包括以下两个方面：

1. 跟踪和执行进度计划

进度计划是指根据工程项目总体规划，将项目中每一项工作按所需要的时间和先后顺序，有机地协调衔接起来。进度计划中包括各项工作的计划开始时间和计划完成时间。核电工程建设过程中，进度计划包括五级进度计划和专项计划，其中一级进度计划由建设单位编制，其余进度计划由相应承建单位编制。各进度计划含义如下：

1) 一级进度计划

确定工程的主要关键日期，涵盖工程建设的整个过程，包括设计、采购、施工、调试等相关的里程碑节点的工程总进度计划。

2) 二级进度计划

设计、采购、施工、调试的总协调进度计划，是一级进度计划的细化，应满足一级进度计划相关节点的要求。

3) 三级进度计划

承包商在二级进度计划的基础上，经细化后编制的符合合同工期目标要求的进度计划。

4) 四级进度计划

承包商结合工程实际进展，在三级进度计划的基础上通过细化编制的年度进度计划。

5) 五级进度计划

承包商在四级进度计划的基础上编制的月进度计划。

6) 专项计划

为保证工程重要节点的实现，加强对资源的协调和进度的控制，针对特殊时期的特殊目标任务制订的进度计划，是对四级、五级进度管理体系的有效补充。

测量技术负责人应熟悉工程项目各级进度计划，并根据项目的进度计划，制定测量工作程序，明确不同阶段测量任务，制定具体的实施方案，保证测量工作满足项目计划要求，保证成果质量，协调、配合其他相关部门工作，为核电建设各项工程顺利实施提供测量支持。

2. 测量汇报制度与现场巡视、巡查相结合

核电工程测量具有作业时间短、作业地点及作业内容转换快等特点，为便于建设单位和监理单位对承包商的作业行为和作业质量进行跟踪和检查，承包商每次作业前，应根据测量程序管理规定，将工作内容、工作地点等提前汇报建设单位和监理单位有关人

员；监理或建设单位旁站、复测或审核施工单位成果时，施工单位应积极创造便利条件。施工单位的汇报制度与监理单位、建设单位的现场巡视、巡查工作相结合，能加强测量成果的质量控制，也有利于保障进度。

## 7.3　核电厂工程测量监理

### 7.3.1　工程监理概述

1. 建设工程监理的概念

建设工程监理是指监理单位接受建设单位委托，根据法律法规、工程建设标准、勘察设计文件及合同，在施工阶段对建设工程质量、投资、进度和安全进行控制，对合同、信息进行管理，对工程建设相关方的关系进行协调，并履行法律法规赋予监理的安全职责。

2. 监理机构

监理单位接受建设单位委托，按照合同约定，成立项目监理机构，为建设单位提供技术服务和咨询活动。监理机构组织结构如图 7-3-1 所示，人员由总监理工程师、副总监理工程师、专业监理工程师和监理员组成。其中，总监理工程师由监理单位法定代表人书面任命，全面负责履行监理合同；副总监理工程师由总监理工程师书面授权、由监理单位法定代表人同意，代表总监理工程师行使总监理工程师的部分职责和权力；专业监理工程师由总监理工程师授权，负责实施某一专业或某一岗位的监理工作，有相应监理文件签发权；监理员是指经过监理业务、核工程技术、核电质保等培训，具有大专以上学历和同类工程相关专业知识，从事具体监理工作的人员。

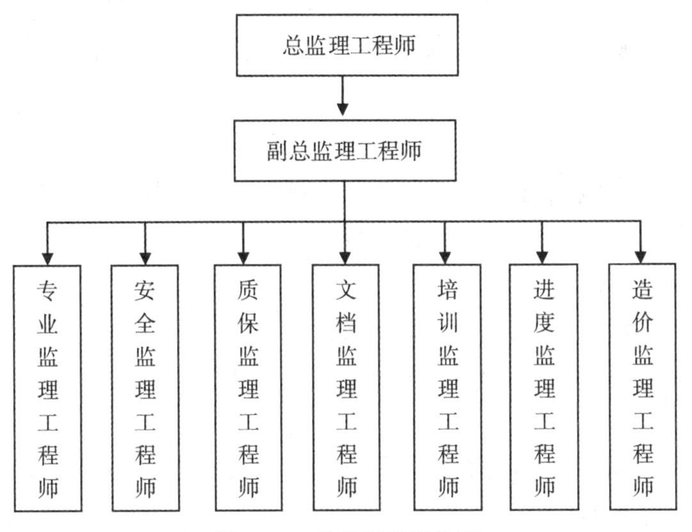


图 7-3-1　监理组织机构图

3. 监理人员素质要求

从事监理工作的监理人员，不仅要有一定的工程技术或工程经济方面的专业知识、较强的专业技术能力，能够对工程建设进行监督管理并提出指导性意见，而且要有一定的组织协调能力。监理工程师或监理人员必须具备以下素质：

1）较高的专业学历和复合型的知识结构

监理工作不仅涉及多种专业技术，而且工程监理属于项目管理工作，还涉及法律、经济、技术和组织管理等多方面的理论知识，因此监理人员必须具备相应的知识素养。

2）丰富的工程建设实践经验

在工程建设监理过程中，会涉及设计、施工、材料、设备等多方面的问题和复杂的人际关系，因此不仅要有相关的理论知识，还必须有丰富的工程建设实践经验。

3）良好的品德

监理人员应热爱本职工作，具有科学的态度，具有廉洁奉公、为人正直、办事公正的高尚情操，能够听取多方面的意见，冷静分析处理问题。

4）健康的体魄和充沛的精力

良好的身体条件，是应对核电工程建设复杂施工环境的基础。

### 7.3.2　核电厂工程测量监理工作内容

1. 目标控制

根据控制措施作用于控制对象的时间，目标控制可分为事前、事中和事后控制。

1）事前控制

事前控制也叫前馈控制，是指实际活动前便制定工作标准及偏差预警系统，在问题发生前即启动控制程序来防患。事前控制一般采取专题会议、监理书面文件、事前发布监理复测检查指令等措施，对施工进行预控，提醒施工单位加强质量控制和质量检查。

核电工程测量监理事前控制，主要体现在承包单位人员资格审查、仪器设备检查、工作程序或测量方案审核、施工质量计划中控制点及控制类型选取。通过事前的检查或审核，避免测量工作出错，提高成果的质量和可靠性。

2）事中控制

事中控制也叫实时、现场控制，是指问题发生时，立即采取对策纠正偏差的一种控制。事中控制是施工过程中的控制，是测量监理工作的重点。监理的事中控制工作，应主要做好以下两点：

（1）依据事先选定的质量控制点，采取旁站检查、巡视检查等方式，监督作业人员的操作方法是否规范，测量程序是否落实，控制点的保护是否得当，定位标识是否清晰、耐久，作业后的成果质量检查是否规范，并监督检查安全文明施工状况。

(2)审核和批复承包单位提交的《定位记录》和《检查记录》。根据承包单位测量工作程序和测量监理工作实施细则，承包单位测量作业后，应及时提供作业内容的《定位记录》和《检查记录》供监理单位或建设单位审核、备案。测量监理工程师以设计文件、施工合同及有关的规范为依据，审核承包单位作业依据文件是否适当，引用的限差标准、计算结果是否正确，成果质量是否满足施工要求等，并签署意见。

3)事后控制

事后控制是指测量成果的事后检查与总结。测量工作是后续工程施工的基础和前提。测量成果的好坏还可以通过后续工程竣工后的工程质量得以反馈。通过对工程质量的检查与分析，可以进一步评估测量方法的有效性，总结经验，优化方案，为后续类似工程建设提供经验，不断提高测量工作水平。监理单位可及时协调建设单位、施工单位有关技术人员，做好事后检查与总结工作，积累经验，持续改进测量技术与管理质量。

2. 组织协调

核电厂建设，除涉及建设、设计、施工等直接单位外，还涉及材料供应与设备制造及地方政府等。协调是联合与工程建设有关的各个单位，理顺各方面的关系，排除各种干扰因素，从而实现目标。

1)协调方式

加强与参建单位的协调工作，建立畅通的接口关系和联系渠道，保证工程施工顺利进行，协调方式主要包括：

(1)会议协调

包括工地例会协调、专题会议协调等。

(2)书面协调

当需要精确表达意图，强化合同效力时，可采用监理工程师通知单、监理工作联系单或监理信函等书面方式开展协调工作。

(3)交谈协调

当需要及时处理协调事项时，监理可组织相关方在现场沟通解决，如采用面对面的交谈或电话交谈形式。主要目的在于保持信息畅通，提高沟通效率，及时发布工程指令。需要补充书面材料的，在相关方达成一致意见后，及时按程序规定签发文件。

2)主要工作内容

(1)核电厂控制点成果交接

监理单位组织会议，建设单位以正式函件的形式将核电厂测量控制资料移交各承包商；此外，各承包商在施工期间所布置的控制点、临时控制点，应报送监理和建设单位，供参建单位共享。

(2)图纸澄清与变更

协调不同设计部门对同一物件的设计标准，协调处理施工过程中发现的设计问题；

发生质量事故时，邀请设计代表参加，认真听取设计单位的处理意见；此外，共同以建设单位为服务对象，监理单位和设计单位之间，还应注意信息传递的规范性与及时性，和设计单位做好交接工作，对建设单位负责。

(3)协调并组织联合测量作业

对特殊情况下涉及多家单位的测量工作，如果确实无法错开工期，可联合土建、安装、监理及建设单位测量与检查，由一方主测，其他各单位对测量结果进行检核、认可。

(4)分项分部工程的移交与返移交

对因交叉作业引起的工程的移交和返移交，测量监理工程师负责监督检查测量资料和测量成果的完整性，移交后的成果由接收方负责保护和保养。返移交与移交手续相同。

### 7.3.3　核电厂工程测量监理的职责和方法

1. 测量监理职责

1)测量监理工程师的职责

(1)参与编制质量保证大纲、监理规划，负责编制本专业监理实施细则与工作程序；

(2)参与审查承包商的质量保证大纲、施工组织设计或施工方案中与本专业相关的内容，审查承包商提交的本专业报审文件；

(3)对质量计划控制点进行检查或验证；

(4)负责承包商提交的测量文件的验收和审查；

(5)负责监理资料的收集、汇总及整理，编写监理日志，参与编写监理月报、专题报告、质量评估报告，负责审查专业范围内的工程文件；

(6)参与分包单位人员资格、设备情况及使用与运行状况的审查；

(7)负责检查承包商的测量工作程序或方案的落实情况；

(8)参与不符合项报告的审查，负责本专业职责范围内的处理措施的验证；

(9)负责本专业职责范围内的安全技术措施的审查、现场安全监督检查，发现安全隐患后，督促责任承包商整改并及时报告；

(10)负责编制与本专业有关的经验反馈；

(11)参与质保监督检查工作；

(12)参与项目监理机构质量保证体系的建立和运行维护；

(13)审查承包商进度计划及对实施情况进行监督检查；

(14)指导、检查监理员的工作；

(15)按照要求，担任旁站或现场巡视，进行隐患排查，参与专项检查，记录检查情况并督促整改；

(16)核查承包商专业范围内的安全培训教育记录和作业及安全技术交底情况；

(17)参与或配合安全事故调查。

2)测量监理员的职责

(1)在专业监理工程师的指导下开展现场监理工作；

(2)检查承包单位投入工程项目的人力、材料、主要设备及其使用、运行状况，并做好检查记录；

(3)复核或从施工现场直接获取工程计量的有关数据并签署原始凭证；

(4)按设计图纸和有关标准，对承包单位的工艺过程或施工工序进行检查和记录，并对加工制作及工序施工质量检查结果进行记录；

(5)担任旁站工作，发现问题及时指出并向专业监理工程师报告；

(6)做好监理日记和有关的监理记录。

2. 测量监理主要工作方法

1)文件审查

监理人员依据国家及行业有关法律法规、规章、标准、规范和相关合同，对承包商报审的与测量工作有关的工程文件进行审查，并签署监理意见。

2)质量计划管理

测量监理人员负责督促承包商按照相应程序规定开展质量计划的管理工作。专业监理工程师负责对承包商报送的质量计划进行审查，并根据重点部位、关键工序或采用“新材料、新工艺、新技术、新设备”的工序以及隐蔽工程部位选定质量控制点，开展现场监督检查工作，监督已经批准的质量计划的有效实施。

3)旁站监理

旁站监理是指在承包单位测量作业过程中于现场观察、监督及检查其作业过程，及时发现质量事故的苗头、对质量不利的因素、潜在的质量隐患，以便及时控制。如对核电厂测量控制网(包括首级网、次级网及微网)的观测过程、核电站主要设备基础的定位放线、设备安装定位校准过程及其他关键部位或关键工序的测量过程进行旁站监理。

4)平行检验

现场监理人员按照监理规范及合同规定在承包商自检的基础上，按一定比例独立抽样进行检查或检测。为了保证测量成果质量，监理方应在质量计划表中提前选定质量控制点，施工单位根据进度，提前通知监理和建设单位有关人员。需要施工单位提供支持时，施工单位要积极配合，为监理工作提供工作便利。

承包商在施工场地设置控制网及重要物项定位、安装后，应将测量结果、自检记录上报项目监理机构查验。专业监理工程师应对测量结果进行复核，符合要求后，应在规定时间内进行签认，以便施工单位后续施工。测量成果报验单按表 7-3-1 格式填写；项目监理机构复测物项见表 7-3-2。

表 7-3-1　**测量成果报验单**

| 工程名称 | | 文件编号 |
| --- | --- | --- |
| 子项/部位 | | 日期 |
| 主送 | | 抄送 |

致：__________（项目监理机构）

我方已完成________________的施工控制测量，经自检合格，现报送测量成果资料，请予以查验。

附件：1. 作业依据文件

2. 测量作业成果报告

施工项目经理部（盖章）：
项目经理：
日　　期：

---

监理单位审查意见：

检查方式：□ 内业审核　　□ 现场见证　　□ 重复检核

□ 测量数据正确，测量成果合格

□ 测量结果超限，须处理

□ 其他：

监理单位（章）：
专业监理工程师：
日　　期：

---

建设单位审查意见：

检查方式：□ 内业审核　　□ 现场见证　　□ 重复检核

□ 测量数据正确，测量成果合格

□ 测量结果超限，须处理

□ 其他：

建设单位（章）：
专业工程师：
日　　期：

---

注：本表格一式三份，项目监理机构、建设单位、施工单位各一份。

表 7-3-2 **项目监理机构复测物项**

| 复测子项 | 具体物项 | 复测比例 | 备注 |
| --- | --- | --- | --- |
| 核岛厂房（安装） | 1. 蒸汽发生器一次埋件定位及隐蔽验收 | ≥30% | 根据现场情况调整，对其中的一些埋件 100%复测 |
| | 2. 主泵一次埋件定位 | | |
| | 3. 堆外核测一次埋件定位及隐蔽验收 | | |
| | 4. 主管道支架一次埋件定位及隐蔽验收 | | |
| | 5. 主管道套筒一次埋件定位及隐蔽验收 | | |
| | 6. 稳压器一次埋件定位及隐蔽验收 | | |
| | 7. 蒸汽发生器横向支撑一次埋件定位及隐蔽验收 | | |
| | 8. 环吊轨道定位，包括牛腿、箱形梁标高及隐蔽验收 | | |
| | 9. 主管道安装基准点、主泵安装基准点、蒸汽发生器安装基准点、压力容器安装十字线定位、燃料运输通道标高检查 | | |
| 核岛厂房（土建） | 1. 对内部结构的墙体控制主线定位 | | 考虑到核岛内部结构点、线非常多，监理人员采用主控线检查及相对关系检查的方法 |
| | 2. 角度线、坐标基准点定位 | | |
| | 3. 专业监理工程师提出常规方法检测不了的非规则埋件定位及验收 | | |
| | 4. 内外环墙半径基准线定位 | | |
| | 5. 墙体埋件角度控制线定位 | | |
| 常规岛 | 1. 汽轮机中心线定位 | | 对汽轮机安装中心线 100%复测 |
| | 2. 汽轮机基座螺栓隐蔽验收 | | |
| | 3. 凝汽器定位 | | |

5）巡视

测量监理人员对正在施工的部位或工序进行不定期的监督检查，并及时发现质量事故的苗头、对质量不利的因素、潜在的质量隐患以及出现的质量问题，以便及时控制。

6）协调

对作业过程中出现的问题和争议，采取有效的沟通方法，使各方协同一致，实现预期目标。

7）签发文件和指令

监理人员采用签发会议纪要和监理工作联系单、监理工程师通知单、工程暂停令等进行施工过程的控制。

## 7.4　核电厂工程建设现场测量管理

科学、有效的核电建设测量管理手段，是工程建设测量管理制度化，测量作业过程规范化，保证测量成果质量，尽量避免因测量原因导致不符合项产生的重要举措。核电工程测量是核电工程建设的重要组成部分，测量管理是核电建设技术管理工作的一个重要方面。测量不仅为核电工程土建施工和设备安装与调试提供位置基准，还为核电厂建设和运营管理阶段的安全监测提供必要的基础资料。加强核电建设现场的测量管理，有助于保证测量成果质量和提高工作效益，更好地为工程建设服务。

### 7.4.1　组织机构设置

1. 建筑承包商测量组织机构设置

从事核电厂厂房施工的承包商，其测量部门组织结构设置如图7-4-1所示。

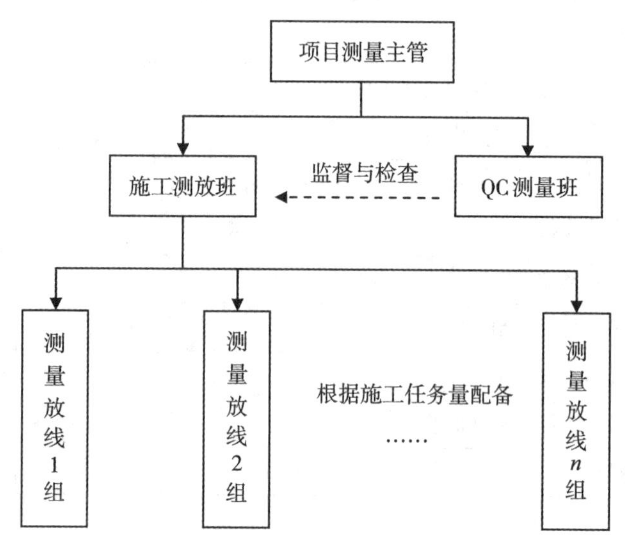


图7-4-1　承建单位测量组织机构

2. 机构、人员配置与工作职责

每个测量放线班配备测量技术负责人1名，测量工程师3~5名，测量技术人员5~8名，测量工人15名，放线工人30名。人员配备可根据工程进度和工作量大小适量增减。QC测量组配备测量工程师2名，其他测量人员2名。所有测量放线人员进场前必须经过与核电建设相关的教育培训，取得上岗合格证后，才能从事现场的施工测量工作。测量人员对应工作职责见表7-4-1。

表 7-4-1　　**测量人员工作职责**

| 岗位设置 | 人数 | 人员资格 | 职责 |
| --- | --- | --- | --- |
| 项目测量主管 | 1 | 具有大型工程测量管理经验，熟悉土建施工与设备安装工艺，有较强的组织管理能力 | 1. 施工场地测量技术与管理工作；<br>2. 现场测量申请单的审批和文件签署；<br>3. 主持制定测量工作程序和专项测量方案；<br>4. 检查重要部位、关键环节的施工测量工作；<br>5. 指导、协调和检查日常测量工作，为测量班组和QC测量组提供技术支持。 |
| 测量工程师 | 5~8 | 熟悉控制测量、施工放样与变形监测工作，能熟练操作施工现场各种测量仪器 | 技术部测量工程师职责：<br>1. 协助测量主管完成测量管理工作；<br>2. 协助测量主管制定测量工作程序或技术方案并组织实施，主持施工测量技术交底；<br>3. 负责工作过程中的技术指导和成果质量检查，负责技术资料的收集、整理和移交；<br>工程部QC测量工程师职责：<br>1. 编制测量质量检查验收工作程序；<br>2. 监督施工队测量工作程序或技术方案的执行情况，见证施工测量技术交底情况；<br>3. 审核施工队移交的测量技术资料，并签署审核意见。 |
| 测量技术员 | 5~8 | 熟悉测量的基本理论和方法，能熟练操作施工现场各种测量仪器 | 1. 负责施工现场的测量实施，协助测量工程师做好外业与内业的各项辅助工作；<br>2. 负责本组技术资料、文件的整理、接收、发送、存档和原始记录归档；<br>3. 负责测量仪器和工具的分类保管、维护与检定；<br>4. 负责现场测量成果的标识与维护。 |
| 测量工人 | 15 | 熟悉测量基本知识，能够熟练操作现场的各种测量仪器和工具 | 服从测量技术人员安排，协助测量技术员完成现场测量工作。 |
| 放线工人 | 30 | 熟悉施工图纸 | 1. 接受施工队负责施工范围内的土建技术人员的技术交底；<br>2. 与测量人员配合，负责相应部位的放线工作；<br>3. 放样成果如基准点、线等标识清楚；为后续施工提供必要基准支持。 |

### 7.4.2　工作职责和管理规定

1. 承建单位测量部门工作职责和管理规定

1)施工测量组

管理和维护建设单位提供的控制基准；编制现场测量工作程序和各专项工程测量技术方案，并报监理单位、建设单位审批；负责土建和安装工程的施工测量和技术管理工作；负责不同单位、不同部门测量的工作联系、成果移交及工作协调；负责实施本单位现场测量工作并保证成果质量，提交相应的测量报告；负责所使用仪器的保管、维护和检定等工作。具体如下：

(1)负责工作范围内所有测量和测绘技术管理、编制项目部现场施工测量放线工作程序、与测量工作有关的对内对外协调等。

(2)负责项目各建筑物控制网、重要测量活动(如变形监测)方案的制定，并组织、协调、监督施工队测量班组实施。

(3)负责制订项目仪器设备计划，负责测量塔架、水准点、微网点等加工委托文件的编制，协调仪器、工具的使用，仪器设备的自检、保管。

(4)接收各施工队的测量委托单，并且认真审核委托单的有效性，包括拟测量放线工程图纸版本、理论数据等，确认无误后按照其时间要求组织实施。具体工作包括地形观测，测量定位，标高控制，埋件、预留孔位置测量等。完成成果整理，报送有关部门并配合检查验收。

(5)负责测量外业原始记录、内外测量报告等资料的整理归档工作。

(6)负责建立及维护满足质保要求的各类台账。

(7)负责对测量班组进行技能培训，从业务上指导测量班组做好现场测量工作和自检工作，为 QC、施工技术员等提供相关测量资料，配合其他有关人员对测量工作进行检查见证。

(8)负责各厂房的预埋件、设备基础、特殊构件等的理论坐标数据计算，并对技术员或质检员计算的理论坐标数据进行审核，确保现场准确安装并进行跟踪测量。

(9)道路、管网、廊道、基坑等工程中土石方工程量计算，为商务部门、施工队进行工程量确认时提供数据支持。

(10)日常测量外业中，明确分工，明确每项外业任务的责任小组长，由测量技术员进行跟踪、监督。

(11)合理安排现场特殊测放工作，如临时口头通知事项、突发事件等。

(12)完成项目部领导安排的其他工作。

2)施工放线组

施工队放线人员业务上接受所在施工队建筑或安装技术负责人的业务指导，熟悉设计图纸的内容，明确施工区域的放线、定位任务和限差要求，学习工作流程和工作方案，明确任务分工、工序衔接和工作职责，并按程序规定通知 QC 质检小组成员、监理单位或建设单位有关人员。放线工作结束后，测量放线小组成员在质量自检互检合格基础上，QC测量人员进行单位内部的质量复核，在两级检查基础上，放线人员做好定位标识，并与后续施工人员进行工作交接，测量人员进行资料的收集、整理，填写测量定位记录(见表7-4-2)、测量检查记录，按程序规定报验。在工作过程中，测量主管工程师负责处理工作过程中出现的问题。施工队测量放线人员应积极配合监理单位、建设单位测量人员对测量放线成果的检查验收。

表7-4-2 **测量定位记录**

| 施工单位名称 | | 页次 | |
|---|---|---|---|
| | | 编号 | |
| | | 日期 | |
| 定位内容 | | | |
| 执行图纸 | | | |

示意图：

| | 编制 | 审核 | 批准 |
|---|---|---|---|
| 签字 | | | |
| 日期 | | | |

3)质保部测量组

质保部测量工程师负责质保部测量工作程序的编制，对施工测量组的作业过程及成果质量进行监督检查，对提交的测量报告进行审核验收，必要时按程序规定进行必要的复测，对施工用的测量仪器性能、检验证书进行定期和不定期的检查，确保现场使用的仪器处于完好、受控状态。具体如下：

(1)工作内容

① 负责组织测量程序或测量方案的审核；

② 对施工测量组的组织机构及人员资格进行审查；

③ 对测量作业小组现场使用的测量设备的配置与设备标定进行检查；

④ 负责独立检查、旁站、复核现场作业组的测量工作、成果；

⑤ 定期检查测量成果与记录的归类保存。

(2)检查测量

质保部测量监督人员应在现场对测量工作进行跟踪检查，并做好相应记录；根据测量作业组提交的复测、旁站通知单内容进行检查、复测或旁站。

① 检查核岛内部结构所有的甲供埋件、特殊埋件及有精度要求的埋件的标高，并形成记录。

② 对核岛区域的施工标高及预埋件标高按照一定比例，根据程序要求进行复查，并形成检查记录。

③ 检查有特殊要求的测量，并形成检查记录。

④ 根据复核通知进行复核检查，复核检查结束后，应出具复核结果，报质保部存档并发送作业测量小组。

⑤ 日常检查与维护。每周对所有复核数据及记录的归类保存情况进行规范性检查；每半个月汇报数据复核及现场复查情况；按程序要求对测量仪器进行日常维护、保管与检定。

⑥ 质量问题的处理。对在质检过程中发现的质量问题，根据具体情况，及时采取措施进行处理，未处理完毕，不得进行后续工作的施工。

2. 监理单位测量人员职责

(1)熟悉设计图纸、有关标准规范、技术规格书等，明确质量标准和工艺要求。

(2)参与审查承包商现场项目管理机构的质量、技术管理体系和质量保障体系的建立情况。

(3)审查承包商提交的测量工作程序或施工方案。

(4)确定质量计划中的H点、W点，与承包商或其他相关方共同确定质量检验评定、隐蔽工程验收的内容和表式。

(5)检查施工场地、临建设施、测量控制网、定位轴线及高程基准点等施工准备情况。

(6)认真负责地检查H点、W点，做好工序交接检查；确保只有验收合格后才能进行下道工序施工。

(7)工程测量质量监督重点包括：土建、安装承包商的工程测量控制网和厂房内部控制网的合理布置与精确定位；土建、安装用基准点/线测设的质量监督；土建、安装工程完成后的定位确认/符合性检查。

(8)工程测量质量监督主要措施包括：审查建筑或者安装单位布置的测量控制网建立、基准点/线引测及测量方案，确保方案科学可行；对施工单位测量过程进行跟踪检查，保证测量方案的正确实施；审查施工单位提交的测量资料，做好内业核查工作；加强重点部位的外业复测，加强对施工单位测量结果的外业抽查。

(9)设备、管道安装的检查和控制：设备、管道安装位置、标高等的检查控制，主要审查安装测量方案、施工单位的测量数据并进行必要的外业复测，检查测量数据的正确性，检查设备、管道安装位置、标高是否正确。

3. 建设单位测量人员职责

(1)组织编制各类工程测量程序，经监理、总包单位确认后备案。

(2)组织建立现场各级测量控制网(包括次级网、微网、专用控制网和加密点)，经监理、总包单位确认后备案。

(3)在土建安装施工活动中，建设单位有权对工程测量工作开展监督检查。

(4)接受经监理、总包单位确认的地形测量、变形监测成果记录并备案。

(5)建设单位有权对测量仪器设备检定、校准等工作开展监督检查。

4. 管理程序

1)承包商与建设单位接口

承包商与建设单位的接口，根据接口文件的内容，由承包商的有关部门与建设单位对应的部门接口。施工及安装测量，由施工单位工程管理部门与建设单位测量管理部门联系。

测量资料以测量报告的形式同建设单位联系，传递途径为承包商测量组—测量QC—建设单位及总图科。

2)测量工作与外部单位接口管理

所有涉及与外部单位接口的测量工作，由测量组负责。

3)测量工作与单位内部的接口管理

施工单位各施工队或部门如需测量放线小组测量，提前向测量技术负责人沟通测量放线内容，如放线部位、精度要求、完成时间和参考的技术文件等。测量小组接到任务后，结合技术文件，组织测量人员，拟定测量方案，明确作业步骤和测量成果检核过程，并根据质量计划选定的质量控制点，提前沟通质检、监理单位和建设单位有关人员，通知相关作业内容、作业地点和作业时间。正式作业前，要进行安全技术交底。作业过程中，严格按照测量作业程序或制订的技术方案进行，并接受有关部门见证。经自检和QC质检合格后，按规定提交成果，待监理或建设单位审核批准后进行后续施工。

5. 测量安全管理规定

(1)测量作业人员进入施工区域前，必须排除作业场所的不安全因素，并做好安全技术交底。

(2)进入作业现场，必须戴好安全帽，穿好劳保鞋；高空作业前，系好安全带、挂好安全绳；在运输通道测量时，必须穿上反光背心，并设置安全防护标识。

(3)测量作业人员必须严格遵守安全操作规程，严禁违规作业；仪器取用、搬运过程中，轻拿轻放，防止仪器意外损坏；仪器保管、存放须设专门的存放柜和存放间，保持室内整洁、空气流通。

(4)有影响测量成果精度情况发生时，应立即停止作业；测量外业时，要求通视条件好，在阳光下作业时，仪器设备要有遮阳措施。

6. 测量管理工作注意事项

(1)核电工程开工前，施工单位应向监理单位、建设单位提交本单位测量人员资质和测量仪器、设备清单，并附测量仪器检定证书，经审核合格后，才能正式开始测量工作。

(2)建设单位提供核电厂次级控制网坐标资料，施工单位测量人员对控制点进行现场确认，并进行必要的复核检查，以保证控制点正确可靠。发现问题，及时按测量程序管理规定，向监理单位、建设单位报告。

(3)施工过程中，需要增设临时控制点或对次级网进行加密时，测量前应将工作方案报监理单位、建设单位备案，并按测量管理程序规定将控制点成果资料报监理单位和建设单位审核，验收合格后方可投入使用。

(4)微网是各厂房内部施工的控制依据，应根据施工进度计划和核电厂内部结构设计图优化布置，并将布置方案、观测程序、数据处理及成果报验等，以专项测量文件或方案形式提前报监理单位、建设单位审核后实施，微网测设过程中，接受监理单位或建设单位人员的监督、检查。

(5)施工现场各种测量控制点、线，构件或部件放样的标识要清楚、准确，迹线要清晰、耐久。

(6)施工单位测量小组负责测量数据的收集、整理并编制测量报告，经单位 QC 人员审核后，报监理单位和建设单位，监理单位和建设单位审核通过后才能开展后续工作，审核合格的测量成果才能在后续施工中使用。

(7)所有的测量数据及资料，测量组必须备案，供有关人员随时查验。

(8)测量小组协助施工单位有关部门，根据设计图纸要求埋设沉降观测点，并按指定的精度要求和有关规范、程序规定，及时开展沉降观测工作。

(9)核电厂区内所有的原始测量记录要求清晰、不得涂改。

(10)测量资料由测量小组指派专人负责收集、整理，并按归档要求报送相关部门查验、审核；其他部门借用测量资料需要办理借用手续。

测量资料包括测量技术资料、测量管理资料。测量技术资料包括：测量原始记录、测量报告、仪器检定证书等。测量管理资料包括：测量人员清单、测量人员培训及资质证书、测量仪器清单(含不同检定周期内的检定证书)、测量工作程序、测量工作方案等。

## ◎ 思考题

1. 简述核电工程管理目标的主要内容。
2. 简述核电工程测量管理的主要内容。
3. 简述质量控制点的含义及其作用。
4. 简述核电工程测量监理的主要内容与方法。
5. 简述核电工程测量中对不同管理层次测量技术人员的素质要求。

# 参 考 文 献


[1] 武汉大学测绘学院测量平差学科组. 误差理论与测量平差基础[M]. 3版. 武汉: 武汉大学出版社, 2014.

[2] 武汉大学测绘学院测量平差学科组. 误差理论与测量平差基础习题集[M]. 2版. 武汉: 武汉大学出版社, 2016.

[3] 於宗俦, 于正林. 测量平差原理[M]. 武汉: 武汉测绘科技大学出版社, 1990.

[4] 陈本富, 张本平, 邹自力. 测量平差[M]. 郑州: 黄河水利出版社, 2020.

[5] 中华人民共和国国家标准. 核电厂工程测量技术规范(GB 50633—2010)[M]. 北京: 中国计划出版社, 2011.

[6] 孔祥元, 郭际明, 刘宗泉. 大地测量学基础[M]. 武汉: 武汉大学出版社, 2015.

[7] 杨国清. 控制测量学[M]. 郑州: 黄河水利出版社, 2016.

[8] 陈永奇. 工程测量学[M]. 北京: 测绘出版社, 2016.

[9] 周建郑. 工程测量[M]. 郑州: 黄河水利出版社, 2010.

[10] 陶本藻. 自由网平差与变形分析[M]. 武汉: 武汉测绘科技大学出版社, 2001.

[11] 李保平, 潘国兵. 变形监测[M]. 成都: 西南交通大学出版社, 2019.

[12] 李青岳, 陈永奇. 工程测量学[M]. 北京: 测绘出版社, 2004.

[13] 国家测绘地理信息局职业技能鉴定指导中心. 注册测绘师资格考试辅导教材测绘管理与法律法规[M]. 北京: 测绘出版社, 2012.

[14] 周国恩, 肖湘. 工程建设监理概论[M]. 北京: 中国建材工业出版社, 2012.

[15] 中华人民共和国住房和城乡建设部. 建筑变形测量规范(JGJ 8—2016)[S]. 北京: 中国建筑工业出版社, 2016.

[16] 中华人民共和国国家标准. 核电厂建设工程监理标准[S]. 北京: 中国计划出版社, 2019.

[17] 陈本富, 王贵武, 谢小胜. 核电施工控制测量中数据处理方法的综合应用探讨[J]. 昆明理工大学学报(理工版), 2009, 34(6): 58-61.

[18] 陈本富, 岳建平. Helmert定权方法及网形选择在核电测量中的应用探讨[J]. 测绘通报, 2009(12): 16-18.

[19] 申涛, 朱锐卿, 谭子泓, 等. 核电站安全壳钢衬里环吊牛腿安装技术[J]. 施工技术(中英文), 2022, 51(14): 46-50.

[20] 林耀华. 浅谈核电站环吊的构造及部件作用[J]. 科技经济导刊, 2019, 27(8): 90.

[21] 尹洪斌. 核电站环吊安装的施工测量方法[J]. 测绘技术装备，2008(1)：29-31.
[22] 刘建文. 核电厂通用机械设备在建安现场的安装问题总结及分析[J]. 价值工程，2016，35(24)：127-131.
[23] 林涛. CPR1000 核电站核岛蒸汽发生器安装工艺研究[J]. 工艺设计改造及检测检修，2014，182(2)：72.
[24] 魏俊明，孙良善. AP1000 核电机组蒸汽发生器的安装[J]. 电力建设，2009，30(11)：87-89.
[25] 王勇. 压水堆核电厂蒸汽发生器支承设计及特点[J]. 自动化与仪器仪表，2015(2)：30-32.
[26] 汤臣杭. 压水堆核电厂蒸汽发生器支承设计及特点[J]. 科技视界，2014(15)：264，318.